"欢度春节"效果图

"炫彩青春"效果图

"天气预报"效果图

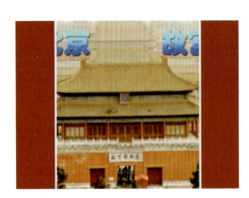

"风景名胜"效果图

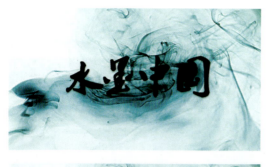

"水墨中国"效果图

"中华五千年"效果图

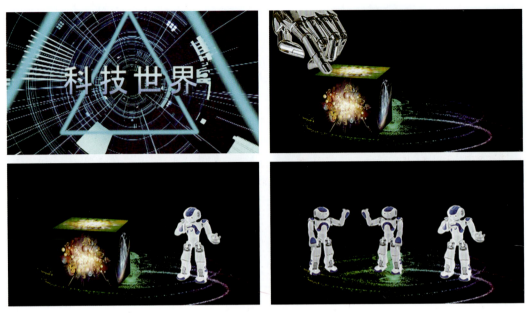

"科技世界"效果图

"剪纸艺术"效果图

"中国戏曲"效果图

"历史古迹"效果图

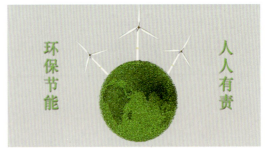

"绿色环保"效果图

"茶艺"效果图

音视频编辑与处理
——Premiere实例教程

YINSHIPIN BIANJI YU CHULI——Premiere SHILI JIAOCHENG

主　编　王松坤　李明君　屈美荣
副主编　李　艳　马素红　高冬玲　刘鲁杰

新形态
教材

中国教育出版传媒集团

高等教育出版社·北京

内容提要

本书注重培养德才兼备的人才，贯彻"把思想政治工作贯穿教育教学全过程"的教育方针，将传统文化和先进科技作为素材融入教学实例中，由浅入深地介绍了 Premiere 的基本操作方法和音视频处理技巧。

本书主要内容包括初识 Premiere、影视剪辑技术、字幕与字幕特技、视频过渡效果、关键帧动画、视频特效应用、抠像与合成技术、色彩调整、音频效果处理、综合实例。本书注重知识的实用性和应用性，由实例讲解、基础知识介绍、实践训练和综合实例组成，并在实例操作的基础上，进一步拓展知识，让学习者在快速掌握知识点的同时了解其应用领域，提升学习兴趣，提高学习者的创作能力和创新能力。

为方便教学，本书配套有 PPT 课件、视频等丰富的教学资源，其中部分资源以二维码链接形式在书中呈现。

本书可作为高等院校的教学用书，也可作为音视频爱好者的自学参考书。

图书在版编目（CIP）数据

音视频编辑与处理：Premiere 实例教程 / 王松坤，李明君，屈美荣主编. —北京：高等教育出版社，2023.12（2025.8 重印）

ISBN 978-7-04-061490-9

Ⅰ.①音… Ⅱ.①王… ②李… ③屈… Ⅲ.①视频编辑软件—高等职业教育—教材 Ⅳ.①TN94

中国国家版本馆 CIP 数据核字（2023）第 242061 号

| 策划编辑 | 谢永铭 | 责任编辑 | 谢永铭 | 封面设计 | 张文豪 | 责任印制 | 高忠富 |

出版发行	高等教育出版社	网　址	http://www.hep.edu.cn
社　址	北京市西城区德外大街 4 号		http://www.hep.com.cn
邮政编码	100120	网上订购	http://www.hepmall.com.cn
印　刷	上海叶大印务发展有限公司		http://www.hepmall.com
开　本	787mm×1092mm　1/16		http://www.hepmall.cn
印　张	18.5		
插　页	3		
字　数	425 千字	版　次	2023 年 12 月第 1 版
购书热线	010-58581118	印　次	2025 年 8 月第 3 次印刷
咨询电话	400-810-0598	定　价	45.00 元

本书如有缺页、倒页、脱页等质量问题，请到所购图书销售部门联系调换

配套学习资源及教学服务指南

二维码链接资源

本教材配套视频等学习资源，在书中以二维码链接形式呈现。使用手机扫描书中的二维码即可查看，随时随地获取学习内容，享受学习新体验。

打开书中附有二维码的页面　　　　**扫描二维码**　　　　**查看相应资源**

教师教学资源索取

本教材配有与课程相关的教学资源，例如，教学课件、操作素材等。选用教材的教师，可在电脑端访问网址（101.35.126.6），注册认证后下载相关资源。

★如您有任何问题，可加入工科类教学研究中心QQ群：240616551。

本书二维码资源列表

章	页码	类型	说明
1	1	示例	第 1 章实例效果
	7	视频	新建项目和序列
	9	视频	导入素材
	15	视频	保存项目和导出视频
2	23	示例	第 2 章实例效果
	25	视频	在"源监视器"中剪辑素材
	25	视频	在"节目监视器"中剪辑素材
3	43	示例	第 3 章实例效果
	45	视频	字幕的新建与编辑
	62	视频	绘制形状
	63	视频	新建并编辑路径文字
4	73	示例	第 4 章实例效果
	76	视频	设置并应用默认视频过渡
	85	视频	视频过渡参数设置
5	99	示例	第 5 章实例效果
	102	视频	制作画卷打开效果
	118	视频	为太极创建椭圆形蒙版
	124	视频	制作竹子的旋转动画
6	139	示例	第 6 章实例效果
	143	图片	"中华五千年""片头"字幕效果
	147	视频	制作宫院放大效果
	164	图片	使用"VR 发光"前后效果对比
7	185	示例	第 7 章实例效果
	196	图片	"剪纸 3.jpg"抠像效果
	200	图片	使用"超级键"前后效果对比

续表

章	页码	类型	说明
7	202	图片	使用"渐变"前后效果对比
	203	图片	使用"VR 颜色渐变"前后效果对比
	208	视频	对"脸谱 2"进行抠像
	211	视频	制作角色轨道遮罩键效果
8	219	示例	第 8 章实例效果
	223	视频	调整门钉颜色
	228	图片	使用"颜色替换"前后效果对比
	228	图片	使用"色调"前后效果对比
	229	图片	使用"颜色平衡（HLS）"前后效果对比
	231	图片	使用"更改颜色"前后效果对比
	237	视频	调整图片局部颜色
	240	图片	使用"通道混合器"前后效果对比
	241	图片	使用"更改为颜色"前后效果对比
	243	图片	使用"RGB 曲线"前后效果对比
9	249	示例	第 9 章实例效果
	250	视频	设置淡入淡出效果
	258	视频	实现变音效果
10	269	示例	第 10 章实例效果

Premiere 是由 Adobe 公司开发的音视频编辑与处理软件,在视频特效设计、宣传片制作、影视片头制作、影视特效合成、自媒体微视频制作、微电影制作、广告设计等领域都有广泛的应用。它的功能强大,易学易用,深受影视编辑爱好者和影视后期制作人员的喜爱,已经成为这一领域最流行的软件之一。

本书全面贯彻党的二十大精神,落实立德树人根本任务,融入中国传统文化、科技兴国、绿色环保等思政元素,将技能学习与思政育人有机融合,提高学生创新能力的同时,增强文化自信。

本书编者具有多年丰富的教学经验和实践设计经验,并将授课和设计过程中积累的经验和技巧融入实例中,提升了实例的应用性和实用性。

本书具有以下特色:

1. 蕴含思政元素,注重立德树人

实例选择围绕思政主题,包含传统文化、先进科技、公益宣传等,将知识传授、能力培养与思政教育相融合,落实立德树人根本任务。

2. 内容细致全面,注重学习规律

结合实例,对基础知识、常用工具和效果等进行细致介绍,并提供图示效果和技巧提示,内容全面细致。以实战操作的形式进行讲解,知识点更容易吸收,易于学生理解和掌握。

3. 实例精美实用,注重审美熏陶

实例经过精心设计与挑选,精美实用,让学生在学习中享受美的世界,熏陶美感。

4. 实例类型丰富,注重应用领域

实例类型涵盖电子相册制作、微视频编辑、视频特效设计、宣传片制作、趣味短视频制作等诸多应用领域,便于学生拓宽视野,提高综合设计应用能力。

5. 配套资源完备,便于学习提升

本书配套 PPT 课件、实例素材文件、字体等教学资源。同时本书为新形态教材,在重要知识点处设置二维码链接,学生可通过移动设备扫描二维码,随时随地在线学习。

本书的建议教学学时数为64。

本书由烟台南山学院王松坤、烟台黄金职业学院李明君、龙口市大数据服务中心屈美荣担任主编,由烟台黄金职业学院李艳,烟台南山学院马素红、高冬玲,南山集团有限公司刘鲁杰担任副主编。编写分工如下:第1章至第4章由屈美荣负责编写;第5章至第7章由李明君负责编写;第8章、第9章由李艳负责编写;第10章由王松坤负责编写;马素红参与审稿、统稿等工作;高冬玲参与审稿、校稿等工作;刘鲁杰负责审核本书配套的资源库。在本书的编写过程中,得到了烟台南山学院校领导的大力支持,在此表示由衷感谢。

由于编者水平有限,书中难免存在不足之处,恳请广大读者批评指正。

编　者

目录

第1章
初识 Premiere

本章目录

示例：第 1 章

实例效果

1.1 Premiere Pro CC 概述

学习目标及要求

了解 Premiere Pro CC 的主要功能。
熟悉 Premiere Pro CC 的工作界面。

学习内容及操作步骤

1.1.1 Premiere Pro CC 的主要功能

Premiere 是一款专业的音视频编辑软件,被广泛应用于广告和电视节目制作、专业视频数码处理、字幕制作、多媒体制作、视频短片编辑与输出和企业视频演示等领域,是数字领域普及程度极高的编辑软件之一。Premiere 的编辑过程是非线性的,可以在任一时刻位置插入、复制、替换、传递和删除素材片段,还可以采取不同的顺序和效果进行试验,并在合成最终影片或输出到磁带前进行预演。

1.1.2 Premiere Pro CC 的工作界面

利用 Premiere 进行音视频编辑时,大部分工作均在"编辑"工作区完成。Premiere Pro CC 的工作界面如图 1-1 所示。

1.1.3 Premiere Pro CC 的常用面板

1. "项目"面板:用于导入、放置和管理整个项目的素材文件,"项目"面板如图 1-2 所示。在"项目"面板的素材区可显示该项目的素材,当显示方式切换为"列表视图"时,可显示素材的持续时间和帧速率等。在工具条区可以进行素材显示方式设置、自动匹配序列、新建素材箱、创建新元素和删除素材等操作。

2. "时间轴"面板:用于将编辑的素材排列在相应轨道上,是 Premiere 最核心的部分。在影片编辑的过程中,大部分的工作都是在"时间轴"面板中进行的,"时间轴"面板如图 1-3 所示。

拖动缩放滑块左右端点可以调整音视频素材在"时间轴"面板中的显示比例,拖动缩放滑块位置可以调整时间轴显示时段。

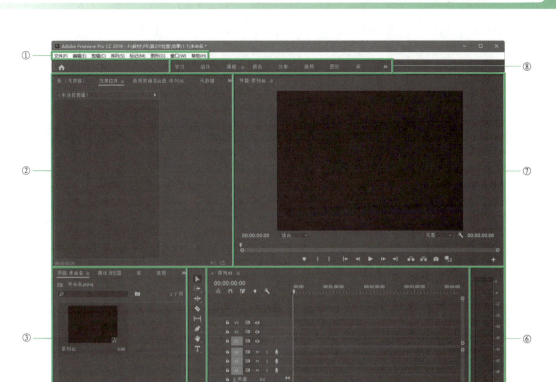

①—菜单栏；②—"源监视器""效果控件""音频剪辑混合器""元数据"面板组；③—"项目""效果""媒体浏览器""库""信息""标记""历史记录"面板组；④—"工具"面板；⑤—"时间轴"面板；⑥—"音频仪表"面板；⑦—"节目监视器"面板；⑧—"工作区"面板。

图 1-1 Premiere Pro CC 的工作界面

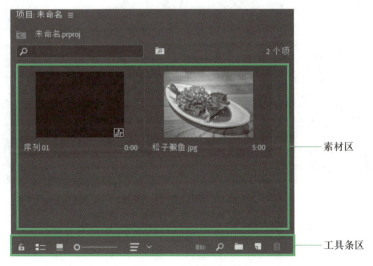

图 1-2 "项目"面板

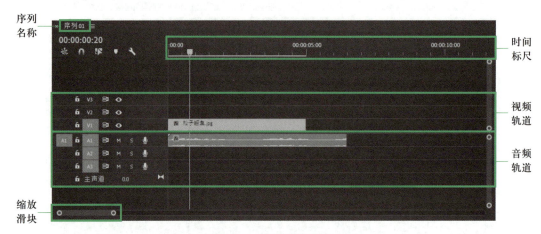

序列
名称

时间
标尺

视频
轨道

音频
轨道

缩放
滑块

图 1-3 "时间轴"面板

3. "源监视器"面板：用于显示"项目"面板或"时间轴"面板中单个素材的原始画面。在"源监视器"面板中可以实现素材的播放、剪辑、插入或覆盖到"时间轴"面板等操作，"源监视器"面板如图 1-4 所示。

图 1-4 "源监视器"面板

4. "节目监视器"面板：用于预览音视频节目编辑合成后的效果。用户可以通过预览效果来进行下一步的调整和修改，"节目监视器"面板如图 1-5 所示。除"播放"按钮外，"节目监视器"面板中提供了"提升""提取"和"比较视图"等按钮，帮助用户进行视频剪辑操作。

5. "效果控件"面板：当选中"时间轴"面板中的素材时，"效果控件"面板中将显示出该素材所应用的一系列效果，并可以对各种效果进行参数设置，"效果控件"面板如图 1-6 所示。

6. "效果"面板：该面板中存放着 Premiere Pro CC 各种音频效果、音频过渡、视频效果和视频过渡，"效果"面板如图 1-7 所示。用户可以通过拖动的方式将恰当的效果或过渡添加到"时间轴"面板的相应素材上。

图 1-5 "节目监视器"面板

图 1-6 "效果控件"面板

图 1-7 "效果"面板

1.2 实例"欢度春节"

 学习目标及要求

熟练掌握项目的创建方法。

熟练掌握序列的创建方法。

熟练掌握素材的导入方法。

掌握视频导出的方法。

 学习内容及操作步骤

导入素材,并将素材添加到"时间轴"面板,设置素材位置和旋转,为素材添加视频过渡和视频效果,制作"欢度春节",效果图如图 1-8 所示。

图 1-8 "欢度春节"效果图

1. 启动 Premiere Pro CC 软件,在"主页"界面中,单击"新建项目"按钮,打开"新建项目"对话框,如图 1-9 所示。设置"名称"为"欢度春节","位置"为"1.2 欢度春节",单击"确定"按钮,完成项目创建。

视频:新建
项目和序列

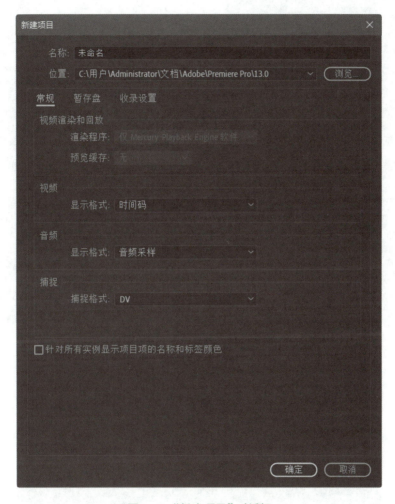

图 1-9 "新建项目"对话框

2. 执行"文件 – 新建 – 序列"命令,打开"新建序列"对话框。在"可用预设"列表中,展开"DV–PAL"选项,选择"标准 48 kHz",如图 1-10 所示,单击"确定"按钮,完成序列创建。

3. 在"工作区"面板,单击"编辑",切换到"编辑"工作区。

4. 执行"编辑 – 首选项 – 时间轴"命令,打开"首选项"对话框,设置"静止图像默认持续时间"为"3.00 秒",如图 1-11 所示,单击"确定"按钮。

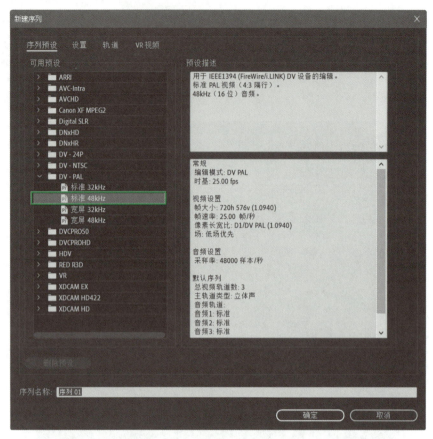

图 1-10 "新建序列"对话框

图 1-11 "首选项"对话框

5. 执行"文件 – 导入"命令,打开"导入"对话框,双击素材文件夹中的"窗花"文件夹,选中"福 1.jpg",勾选"图像序列"复选框,如图 1–12 所示,单击"打开"按钮,导入序列图片。

视频:导入素材

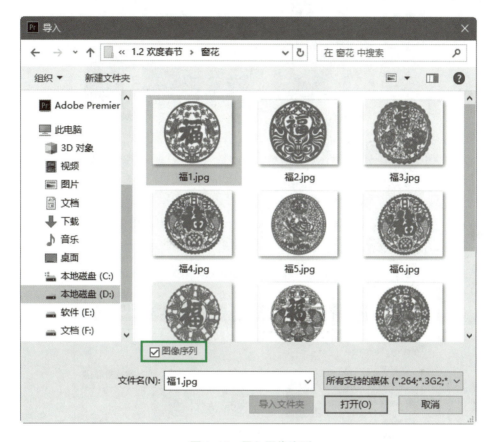

图 1–12　导入图像序列

6. 在"项目:欢度春节"面板空白处双击,打开"导入"对话框,选中素材文件夹中的"背景音乐 .wav""放鞭炮 1.jpg""放鞭炮 2.jpg""放鞭炮 3.jpg""跳舞 .avi",如图 1–13 所示,单击"打开"按钮,导入音频、图片和视频素材。

7. 执行"文件 – 导入"命令,打开"导入"对话框,选中素材文件夹中的"灯笼 .psd",如图 1–14 所示。单击"打开"按钮,打开"导入分层文件:灯笼"对话框,"导入为"选择"各个图层",取消勾选"背景"复选框,如图 1–15 所示。单击"确定"按钮,导入"灯笼 .psd"文件中的"图层 1"。导入素材后"项目:欢度春节"面板如图 1–16 所示。

图 1–13　导入音频、图片和视频素材

图 1–14　导入 PSD 类型文件

图 1-15 "导入分层文件:灯笼"对话框

图 1-16 导入素材后"项目:欢度春节"面板

8. 在"项目:欢度春节"面板中选中"福1.jpg",将其拖动到"时间轴"面板中视频轨道"V1"的00:00:00:00位置,弹出"剪辑不匹配警告"对话框,如图1-17所示,单击"保持现有设置"按钮,"福1.jpg"被添加到视频轨道"V1"上,拖动缩放滑块左右端点,可适当调整显示比例。添加"福1.jpg"后视频轨道内容如图1-18所示。

9. 右键单击视频轨道"V1"中的"福1.jpg",在弹出的快捷菜单中选择"速度/持续时间"命令,打开"剪辑速度/持续时间"对话框,设置"持续时间"为"00:00:02:00",如图1-19所示,单击"确定"按钮。

图 1-17 "剪辑不匹配警告"对话框

图 1-18 添加"福 1.jpg"后视频轨道内容

图 1-19 "剪辑速度/
持续时间"对话框

10. 将"跳舞 .avi"拖动到视频轨道"V1"的 00∶00∶02∶00 位置。

11. 依次将"放鞭炮 1.jpg""放鞭炮 2.jpg""放鞭炮 3.jpg"拖动到视频轨道"V1"上"跳舞 .avi"右侧。

12. 将"图层 1/ 灯笼 .psd"拖动到视频轨道"V2"的 00∶00∶13∶00 位置,添加视频素材后轨道内容如图 1-20 所示。

图 1-20 添加视频素材后轨道内容

13. 将时间线定位至 00∶00∶14∶00 位置,选中"图层 1/ 灯笼 .psd",切换到"效果控件"面板,设置"位置"为"485.0, 232.0","缩放"为"70.0",如图 1-21 所示。

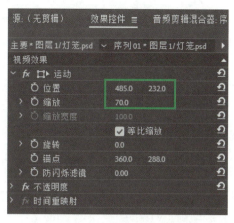

图 1-21 "图层 1/ 灯笼 .psd"运动参数设置

14. 切换到"效果"面板,展开"视频过渡"分类选项,选中"擦除"组中的"双侧平推门"视频过渡,如图 1-22 所示。将其拖动到视频轨道"V1"上"福 1.jpg"和"跳舞 .avi"之间,弹出"过渡"对话框,如图 1-23 所示,单击"确定"按钮。

图 1-22 选中"擦除"组中的"双侧平推门"视频过渡

图 1-23 "过渡"对话框

15. 采用上述方法,将"3D 运动"组中的"立方体旋转"视频过渡拖动到视频轨道上其他素材的开始位置,添加视频过渡后轨道内容如图 1-24 所示,"立方体旋转"参数设置如图 1-25 所示。

● 提示:

　　若无法直接拖动视频过渡到开始位置,则可以通过"效果控件"面板设置视频过渡的"对齐"为"起点切入"。

16. 展开"视频效果"分类选项,选中"风格化"组中的"查找边缘"视频效果,如图 1-26 所示,将其拖动到视频轨道"V1"的"放鞭炮 2.jpg"上。

17. 将"背景音乐 .wav"拖动到音频轨道"A1"的 00:00:00:00 位置。

18. 执行"文件 – 保存"命令,存储项目。

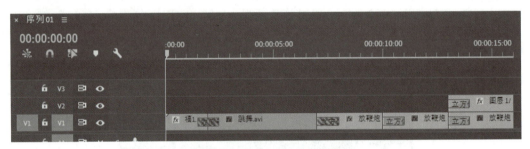

图 1-24　添加视频过渡后轨道内容

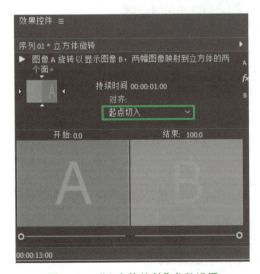

图 1-25　"立方体旋转"参数设置

图 1-26　选中"风格化"组的
"查找边缘"视频效果

19. 执行"文件 – 导出 – 媒体"命令,打开"导出设置"对话框,设置格式为"AVI",单击"输出名称"右侧的"序列 01.avi",打开"另存为"对话框,设置"名称"为"欢度春节",单击"保存"按钮,返回"导出设置"对话框,如图 1–27 所示,单击"导出"按钮。

视频:保存项目
和导出视频

图 1–27 "导出设置"对话框

1.2.1 新建与打开项目

1. Premiere Pro CC 中,新建项目的常用方法有 2 种。

(1)启动 Premiere Pro CC 软件,在"主页"界面中单击"新建项目"按钮,打开"新建项目"对话框,如图 1–28 所示。

(2)执行"文件 – 新建 – 项目"命令,打开"新建项目"对话框。

2. "新建项目"对话框有 3 个选项卡。

(1)"常规"选项卡:设置"视频""音频"的"显示格式"和"捕捉格式",如图 1–28 所示。

(2)"暂存盘"选项卡:设置"捕捉的音 / 视频""音 / 视频预览""项目自动保存"和"CC 库下载"的保存位置,如图 1–29 所示。

(3)"收录设置"选项卡:未安装 Adobe Media Encoder 时不可用。

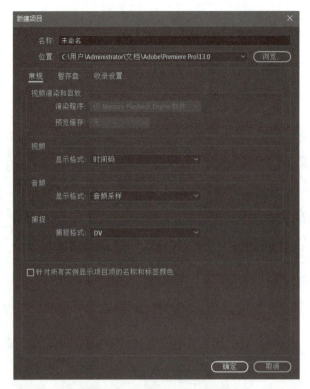

图 1-28　"新建项目"对话框

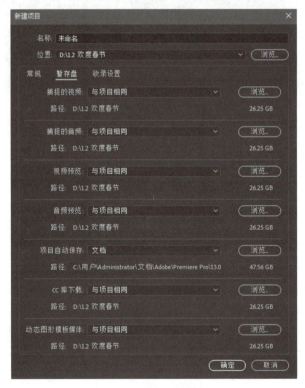

图 1-29　"暂存盘"选项卡

3. Premiere Pro CC 中,打开项目的常用方法有 2 种。

(1)启动 Premiere Pro CC 软件后,在"主页"界面中单击"打开项目"按钮,打开"打开项目"对话框,选中要打开的项目,如图 1–30 所示,单击"打开"按钮。

图 1–30 "打开项目"对话框

(2)执行"文件 – 打开项目"命令,打开"打开项目"对话框。

1.2.2 新建与设置序列

1. Premiere Pro CC 中,新建序列的常用方法有 2 种。

(1)执行"文件 – 新建 – 序列"命令,打开"新建序列"对话框,如图 1–31 所示。选择相应预设序列,单击"确定"按钮。

(2)在"项目"面板中,单击"新建项"按钮,在弹出的快捷菜单中选择"序列"命令,打开"新建序列"对话框,如图 1–31 所示。

● 提示:

世界上主要使用的电视广播制式有 PAL、NTSC、SECAM 3 种,中国大部分地区使用 PAL 制式。

2. 用户可以切换到"设置"选项卡、"轨道"选项卡或"VR 视频"选项卡对序列进行自定义设置。

图 1-31 "新建序列"对话框

1.2.3 导入与管理素材

1. Premiere Pro CC 中,导入素材的常用方法有 2 种。

(1)执行"文件 – 导入"命令,打开"导入"对话框,选中需要导入的文件,单击"打开"按钮。

(2)在"项目"面板空白位置处双击,打开"导入"对话框。

2. 重命名素材:素材导入之后,右键单击"项目"面板中的素材,在弹出的快捷菜单中选择"重命名"命令,可对素材进行重命名。

1.2.4 创建新元素

Premiere Pro CC 中,创建新元素的常用方法有 2 种。

1. 执行"文件 – 新建"命令,在级联菜单中选择相应命令,可以创建新元素。

2. 单击"项目"面板中"新建项"按钮,在弹出的快捷菜单中选择相应命令,如图 1-32 所示,可以创建新元素。

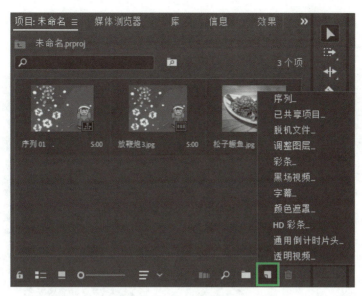

图 1-32 "新建项"按钮

1.2.5 保存与导出项目

1. 保存项目：执行"文件 – 保存"命令，即可直接保存。

2. 另存为项目：执行"文件 – 保存副本"命令，打开"保存项目"对话框，如图 1-33 所示，可以保存一个项目副本。

图 1-33 "保存项目"对话框

3. 导出项目：执行"文件 – 导出 – 媒体"命令，打开"导出设置"对话框，如图 1–34 所示，通过调整入点和出点位置或源范围，可调整导出视频范围。

图 1–34 "导出设置"对话框

（1）格式：单击"格式"下拉按钮，可选择导出视频的格式。

（2）预设：单击"预设"下拉按钮，可更改视频导出制式。

（3）输出名称：单击"输出名称"，在打开的"另存为"对话框中，可更改导出视频的名称和位置。

1.2.6 关闭项目与重置参数

1. Premiere Pro CC 中，关闭项目的常用方法有 2 种。

（1）执行"文件 – 关闭项目"命令。

（2）单击"项目"面板名称右侧的按钮，在弹出的快捷菜单中选择"关闭项目"命令。

2. 当完成一个视频的制作后，为了不影响下一个视频的制作，常对增效工具缓存和首选项进行重置，步骤如下：

（1）关闭 Premiere 软件。

（2）双击 Premiere 图标后，立即按住 Ctrl+Shift+Alt 组合键，直到弹出"Adobe Premiere Pro CC"对话框，如图 1–35 所示，单击"确定"按钮。

图 1-35 重置增效工具缓存和首选项

1.3 实践"舌尖上的幸福"

将素材导入"项目"面板并添加到"时间轴"面板的相应轨道上,添加"双侧平推门"和"交叉溶解"视频过渡,制作"舌尖上的幸福",效果图如图 1-36 所示。

图 1-36 "舌尖上的幸福"效果图

1. 新建项目,设置"名称"为"舌尖上的幸福","位置"为"1.3 舌尖上的幸福"。

2. 新建序列,"序列预设"选择"DV-PAL"中的"标准 48 kHz"。

3. 将素材文件夹中的所有素材导入到"项目"面板中,因"筷子.psd"包含多个图层,在打开的"导入分层文件:筷子"对话框中,"导入为"选择"各个图层",取消勾选"背景"复选框,如图 1-37 所示,单击"确定"按钮完成导入。"筷子.psd"导入内容如图 1-38 所示。

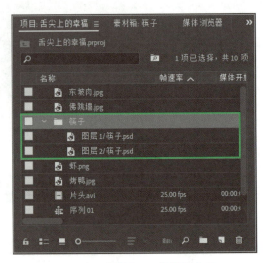

图 1-37　"导入分层文件：筷子"对话框　　　图 1-38　"筷子 .psd"导入内容

4. 将"项目：舌尖上的幸福"面板中"片头 .avi"拖动到"时间轴"面板中视频轨道"V1"的 00：00：00：00 位置。

5. 执行"序列 – 添加轨道"命令，添加 1 个视频轨道。

6. 将"图层 1/ 筷子 .psd"拖动到视频轨道"V2"的 00：00：00：00 位置。

7. 将"图层 2/ 筷子 .psd"拖动到视频轨道"V4"的 00：00：00：00 位置。

8. 将"虾 .png"拖动到视频轨道"V3"的 00：00：00：00 位置。

9. 将视频轨道"V2""V3""V4"上的素材"持续时间"均设置为"00：00：04：17"。

10. 依次将"东坡肉 .jpg""佛跳墙 .jpg""烤鸭 .jpg"拖动到视频轨道"V1"的"片头 .avi"右侧。

11. 在"东坡肉 .jpg"开始位置添加"双侧平推门"视频过渡，在"佛跳墙 .jpg""烤鸭 .jpg"开始位置添加"交叉溶解"视频过渡。

12. 将"背景音乐 .wav"拖动到音频轨道"A1"的 00：00：00：00 位置。

13. 保存项目，导出视频。

第 2 章
影视剪辑技术

本章目录

示例:第 2 章

实例效果

2.1 实例"炫彩青春"

 学习目标及要求

熟练掌握视频剪辑的基本方法。
熟练掌握剃刀工具的使用方法。

 学习内容及操作步骤

剪辑视频素材,添加视频过渡,制作"炫彩青春",效果图如图 2-1 所示。

图 2-1 "炫彩青春"效果图

1. 新建项目,设置"名称"为"炫彩青春","位置"为"2.1 炫彩青春"。

2. 新建序列,"序列预设"选择"DV-PAL"中的"标准 48 kHz",序列名称为"炫彩青春"。

3. 将素材文件夹中的所有素材导入到"项目"面板中。

4. 将“项目：炫彩青春”面板中“片头 .avi”拖动到“时间轴”面板中视频轨道“V1”的 00：00：00：00 位置。拖动“时间轴”面板下方缩放滑块左右端点，适当调整显示比例。

5. 在“项目：炫彩青春”面板中双击“滑板 .avi”，使其显示在“源监视器”面板中。

6. 定位“播放指示器位置”至 00：00：02：00 位置，单击“标记入点”按钮，设置素材的开始时间，如图 2-2 所示，此时，入点右侧显示为灰色。

视频：在“源监视器”中剪辑素材

图 2-2　标记入点

7. 定位“播放指示器位置”至 00：00：07：24 位置，单击“标记出点”按钮，设置素材的结束时间，如图 2-3 所示，此时，入点和出点之间显示为灰色。

8. 将时间线定位至 00：00：03：00 位置，单击“源监视器”面板中的“插入”按钮，如图 2-4 所示，将剪辑后的“滑板 .avi”插入到视频轨道“V1”的 00：00：03：00 位置。

9. 将“足球 .avi”拖动到视频轨道“V1”的 00：00：09：00 位置。

10. 将时间线定位至 00：00：10：00 位置，单击“节目监视器”面板中的“添加标记”按钮，右键单击添加的标记，在弹出的快捷菜单中选择“编辑标记”命令，如图 2-5 所示，打开“标记 @00：00：10：00”对话框，设置“名称”为“提取起点”，如图 2-6 所示，单击“确定”按钮。

视频：在“节目监视器”中剪辑素材

图 2-3　标记出点

图 2-4　"插入"按钮

图 2-5 "编辑标记"命令

图 2-6 "标记 @00：00：10：00"对话框

11. 将时间线定位至 00：00：12：00 位置,添加标记,将标记命名为"提取终点"。

12. 单击"提取起点"标记,定位时间线,再单击"节目监视器"面板中的"标记入点"按钮,标记视频段开始帧。单击"提取终点"标记,定位时间线,再单击"节目监视器"面板中的"标记出点"按钮,标记视频段结束帧。选中的视频段如图 2-7 所示,入点和出点之间显示为灰色。

13. 单击"提取"按钮,如图 2-8 所示,选中的视频段被删除,同时右侧视频段自动左移。

14. 右键单击任意一个标记,在弹出的快捷菜单中选择"清除所有标记"命令,将所有标记清除。

15. 将"晚会 .avi"拖动到视频轨道"V1"的 00：00：15：24 位置。

16. 将时间线定位至 00：00：17：00 位置,在"工具"面板中选择"剃刀工具",在视频轨道"V1"的时间线位置单击,将"晚会 .avi"分割成 2 段,如图 2-9 所示。

图 2-7　选中的视频段

图 2-8　"提取"按钮

图 2-9　分割视频

17. 选择"选择工具",右键单击第 1 段"晚会 .avi",在弹出的快捷菜单中选择"波纹删除"命令,删除第 1 段"晚会 .avi"视频,第 2 段视频自动左移。

18. 调整"晚会 .avi"结束位置至 00:00:21:00 位置。

19. 将时间线定位至 00:00:07:07 位置,选择"剃刀工具",在视频轨道"V1"的时间线位置单击,将"滑板 .avi"分割成 2 段。

20. 调整第 1 段"滑板 .avi"的播放速度,设置"持续时间"为"00:00:02:00",勾选"波纹编辑,移动尾部剪辑"复选框,其参数设置如图 2-10 所示,单击"确定"按钮。

图 2-10 第 1 段"滑板 .avi"的播放速度参数设置

21. 调整第 2 段"滑板 .avi"文件的播放速度,设置"持续时间"为"00:00:03:00",勾选"波纹编辑,移动尾部剪辑"复选框。

22. 将"烟花 .png"拖动到视频轨道"V2"的 00:00:05:00 位置,时长调整为 3 秒。

23. 在第 1 段"滑板 .avi"、第 1 段"足球 .avi"和"烟花 .png"开始位置添加"溶解"组中的"交叉溶解"视频过渡。在"晚会 .avi"开始位置添加"缩放"组中的"交叉缩放"视频过渡。

24. 右键单击"片头 .avi",在弹出的快捷菜单中选择"取消链接"命令,取消音频与视频的链接。选中音频,按 Delete 键,删除音频。

25. 采用上述方法,删除音频轨道"A1"上所有音频。

26. 将"背景音乐 .wav"拖动到音频轨道"A1"的 00:00:00:00 位置,调整音频结束位置,使其与视频同时结束。

27. 保存项目,导出视频。

2.1.1 "源监视器"面板剪辑素材

在"源监视器"面板中,"入点"即素材开始帧的位置,"出点"即素材结束帧的位置,用户可以通过改变素材入点和出点的位置以改变剪辑素材片段的长度,如图 2-11 所示,中间灰色区域即为选中的素材片段。

图 2-11　"源监视器"面板剪辑素材

1. "标记入点"按钮:定位"播放指示器位置",单击"标记入点"按钮,即可定位素材开始帧。

2. "标记出点"按钮:定位"播放指示器位置",单击"标记出点"按钮,即可定位素材结束帧。

3. "插入"按钮:定位时间线,单击"插入"按钮,剪辑后的素材即可从时间线位置插入到"时间轴"面板选定轨道中,轨道上原有素材右移。

4. "覆盖"按钮:定位时间线,单击"覆盖"按钮,剪辑后的素材即可从时间线位置插入到"时间轴"面板选定轨道中,轨道上原有素材被替换。

2.1.2　"节目监视器"面板剪辑素材

在"节目监视器"面板中,可以借助标记入点和标记出点选中一段视频,然后单击"提升"或"提取"按钮,删除选中的视频段,如图 2-12 所示。

1. "节目监视器"面板中"标记入点"按钮和"标记出点"按钮的作用与"源监视器"面板中的作用相同。

2. "提升"按钮:选中视频 / 音频轨道,单击"提升"按钮,选定的素材片段即被删除,其他的素材位置都不发生改变。

标记入点 标记出点   提升 提取

图 2-12 "节目监视器"面板剪辑素材

3. "提取"按钮：选中视频 / 音频轨道，单击"提取"按钮，选定的素材片段即被删除，同时右侧的素材左移，填补空缺。

2.1.3 "时间轴"面板剪辑素材

在"时间轴"面板中，可以通过拖动素材的开始标记和结束标记，剪辑素材片段，也可以使用"剃刀工具"，将素材分割成多段，然后通过快捷菜单的"清除"或"波纹删除"命令，如图 2-13 所示，删除指定素材片段。

1. "清除"命令：只删除选定的素材片段，对其前、后的素材位置均不产生影响。

2. "波纹删除"命令：删除选定的素材片段，同时右侧素材左移，填补空缺。

图 2-13 "清除""波纹删除"命令

2.2　实例 "放飞梦想"

 学习目标及要求

熟练掌握视频剪辑工具的使用方法。

掌握序列嵌套的方法。

 学习内容及操作步骤

运用视频剪辑工具对视频素材进行剪辑,并利用序列嵌套制作 "放飞梦想",效果图如图 2-14 所示。

图 2-14　"放飞梦想" 效果图

1. 新建项目,设置 "名称" 为 "放飞梦想","位置" 为 "2.2 放飞梦想"。

2. 新建序列,"序列预设" 选择 "DV-PAL" 中的 "标准 48 kHz",序列名称为 "放飞梦想"。

3. 将素材文件夹中的所有素材导入到 "项目" 面板中。

4. 在"源监视器"面板中将"片头 2.avi"文件的出点标记为 00：00：02：24 位置。

5. 执行"文件 – 打开项目"命令，打开"2.1 炫彩青春"文件夹中的"炫彩青春 .prproj"项目文件，此时"炫彩青春"序列自动在"时间轴"面板中打开。

6. 将时间线定位至 00：00：00：00 位置，单击"源监视器"面板中的"覆盖"按钮，用"片头 2.avi"替换"炫彩青春"序列中的"片头 .avi"，替换后"炫彩青春"序列轨道内容如图 2–15 所示。

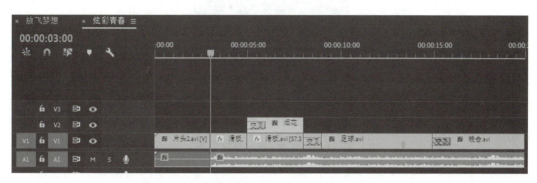

图 2–15　替换后"炫彩青春"序列轨道内容

7. 在"工具"面板中选择"波纹编辑工具"，如图 2–16 所示。在"时间轴"面板中拖动"片头 2.avi"的结束标记，将持续时间调整为"00：00：03：15"，如图 2–17 所示。

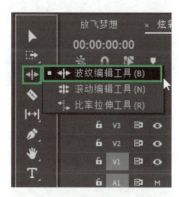

图 2–16　选择"波纹编辑工具"

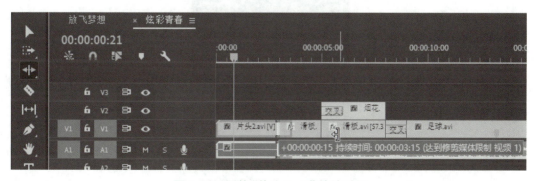

图 2–17　调整"片头 2.avi"持续时间

8. 在"工具"面板中选择"滚动编辑工具",如图2-18所示。在"时间轴"面板中拖动第1段"滑板.avi"的结束标记,将"持续时间"调整为"00:00:02:10",如图2-19所示。

图 2-18 选择"滚动编辑工具"

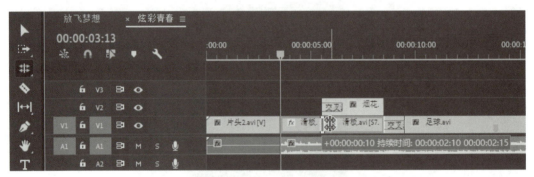

图 2-19 调整第 1 段"滑板 .avi"持续时间

9. 在"工具"面板中选择"外滑工具",如图2-20所示。向右拖动第2段"滑板.avi",将入点左移12帧,如图2-21所示。

图 2-20 选择"外滑工具"

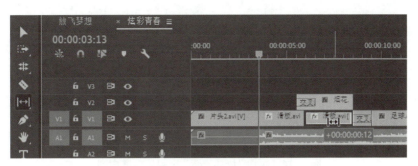

图 2-21 调整第 2 段"滑板 .avi"入点

10. 在"工具"面板中选择"内滑工具",如图 2-22 所示。鼠标放到第 2 段"足球 .avi"文件上,向右拖动,将其右移 12 帧,如图 2-23 所示。

图 2-22 选择"内滑工具"

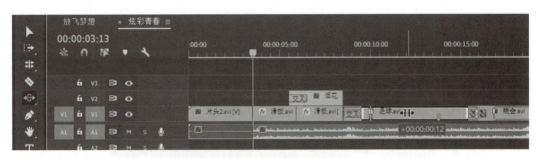

图 2-23 右移第 2 段"足球 .avi"

11. 在第 1 段"滑板 .avi"开始位置添加"溶解"组中的"交叉溶解"视频过渡。

12. 在"时间轴"面板中,单击"炫彩青春"序列左侧"关闭"按钮,关闭"炫彩青春"序列,返回"放飞梦想"序列。

13. 在"项目:炫彩青春"面板,选中"炫彩青春"序列,并将其拖动到"时间轴"面板中视频轨道"V1"的 00:00:00:00 位置,如图 2-24 所示。

14. 右键单击"项目:炫彩青春"面板标题,在弹出的快捷菜单中选择"关闭项目"命令,打开"Adobe Premiere Pro CC"对话框,单击"是"按钮。

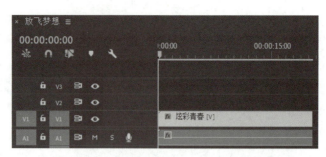

图 2-24　添加"炫彩青春"序列后轨道内容

15. 在"源监视器"面板中,标记"读书 .avi"的入点为 00:00:03:24 位置,出点为 00:00:05:24 位置。

16. 将时间线定位至 00:00:20:14 位置,在"项目:放飞梦想"面板中,按住 Ctrl 键依次选中"读书 .avi"和"毕业 .avi",单击"自动匹配序列"按钮,如图 2-25 所示,打开"序列自动化"对话框,取消勾选"应用默认音频过渡"和"应用默认视频过渡"复选框,如图 2-26 所示,单击"确定"按钮。

17. 在"炫彩青春"序列、"读书 .avi"和"毕业 .avi"结束位置添加"溶解"组中的"交叉溶解"视频过渡。

18. 将时间线定位至 00:00:23:02 位置,右键单击"毕业 .avi",在弹出的快捷菜单中选择"添加帧定格"命令,创建帧定格。

19. 删除所有音频轨道内容,将"背景音乐 .wav"拖动到音频轨道"A1"的 00:00:00:00 位置,截取自 00:00:15:00 开始的音频片段,调整音频位置,使其与视频同时开始、同时结束。

20. 保存项目,导出视频。

图 2-25　"自动匹配序列"按钮

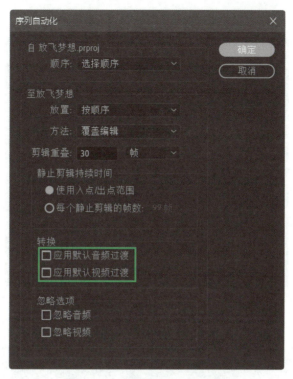

图 2-26 "序列自动化"对话框

2.2.1 波纹编辑工具组

1. 波纹编辑工具

通过"波纹编辑工具"改变某一段素材的入点位置或出点位置来改变该素材的持续时间时,右侧相邻素材的位置会相应改变,同时改变影片的总长度。"波纹编辑工具"调整素材的前提是该素材必须有余量可供调节。

使用"波纹编辑工具"拖动素材的入点或出点,当该视频段持续时间减少时,右侧相邻素材左移,反之右移,同时在"节目监视器"面板中显示该素材的入点帧和左侧相邻素材的出点帧,如图 2-27 所示。

2. 滚动编辑工具

通过"滚动编辑工具"改变某一段素材的入点或出点时,相邻素材的出点或入点也会相应改变,但影片的总长度不变。"滚动编辑工具"剪辑素材的前提是该素材及相邻素材必须有余量可供调节。

当选择"滚动编辑工具"后,鼠标放到某段素材的入点向左拖动,可使该素材入点提前,增加该素材持续时间,左侧相邻素材出点相应提前,可以在"节目监视器"面板中显示该素材的入点帧和左侧相邻素材的出点帧,如图 2-28 所示;鼠标放到入点向右拖动,可使该素材入点延后,缩短该素材持续时间,左侧相邻素材出点相应延后;鼠标放到出点拖动,则调整该素材出点,同时右侧相邻素材入点发生改变。

图 2-27　波纹编辑时的"节目监视器"面板

图 2-28　滚动编辑时的"节目监视器"面板

2.2.2　外滑工具组

1. 外滑工具

外滑工具用于改变某一段素材的入点位置和出点位置,但持续时间不发生改变,并且不影响相邻素材。在"时间轴"面板中的素材上拖动鼠标,可以在"节目监视器"面板中显示该素材的入点帧(左下)和出点帧(右下),以及左侧素材的出点帧(左上)和右侧素材的入点帧(右上),如图 2-29 所示。

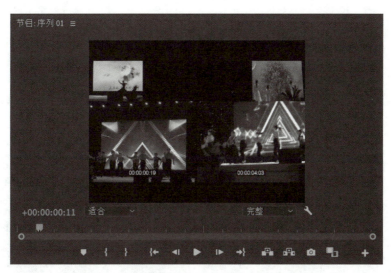

图 2-29　使用外滑工具时的"节目监视器"面板

2. 内滑工具

内滑工具用于移动某一段素材在视频轨道上的位置,该素材的内容不发生变化,移动产生的缝隙通过改变左侧相邻素材的出点或右侧相邻素材的入点补充。将鼠标放到该素材上拖动,可以在"节目监视器"面板中显示左侧素材的出点帧(左下)和右侧素材的入点帧(右下),如图 2-30 所示。

图 2-30　使用内滑工具时的"节目监视器"面板

2.3　实践"校园风光"

运用剪辑工具修剪素材,调整素材播放速度,添加视频过渡制作"校园风光",效果图如图 2-31 所示。

图 2-31　"校园风光"效果图

1. 新建项目,设置"名称"为"校园风光","位置"为"2.3 校园风光"。
2. 新建序列,"序列预设"选择"DV-PAL"中的"标准 48 kHz"。
3. 将素材文件夹中的所有素材导入到"项目"面板中。
4. 将"项目:校园风光"面板中"校园 1.avi"拖动到"时间轴"面板中视频轨道"V1"的 00:00:00:00 位置。
5. 将"校园 2.avi"拖动到视频轨道"V1"的 00:00:03:00 位置,保留前 3 秒视频段。
6. 设置"广场.avi"的入点为 00:00:01:00 位置,出点为 00:00:06:24 位置,将其拖动到视频轨道"V1"的 00:00:06:00 位置,调整"播放速度"为 200%。
7. 将"喷泉.avi"拖动到视频轨道"V1"的 00:00:09:00 位置,保留后 3 秒视频段。
8. 在每段视频素材开始位置添加"交叉溶解"视频过渡,"持续时间"均为 1 秒。

● 提示：

选择视频过渡后，可在"效果控件"面板中调整持续时间。

9. 删除所有的音频轨道内容，添加背景音乐，并截取适当的音频片段，音频与视频同时开始、同时结束。

10. 保存项目，导出视频。

第 3 章
字幕与字幕特技

本章目录

示例:第 3 章
实例效果

3.1　实例"唐诗鉴赏"

学习目标及要求

熟练掌握字幕的创建方法。

掌握字幕工具的使用方法。

熟练掌握字幕属性的设置方法。

学习内容及操作步骤

运用字幕工具创建字幕,设置字幕属性制作"唐诗鉴赏",效果图如图 3–1 所示。

图 3–1　"唐诗鉴赏"效果图

1. 新建项目,设置"名称"为"唐诗鉴赏","位置"为"3.1 唐诗鉴赏"。

2. 新建序列,"序列预设"选择"DV-PAL"中的"标准 48 kHz"。

3. 将素材文件夹中的所有素材导入到"项目"面板中。

4. 将"项目:唐诗鉴赏"面板中"春草.avi"拖动到"时间轴"面板中视频轨道"V1"的 00:00:00:00 位置。采用上述方法,依次将"花开.avi""野火.avi""春草.avi"拖动到视频轨道"V1"中,如图 3-2 所示。

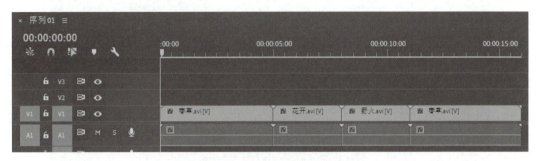

图 3-2 视频轨道"V1"中内容

5. 执行"文件 - 新建 - 旧版标题"命令,打开"新建字幕"对话框,设置"名称"为"片头",如图 3-3 所示,单击"确定"按钮,打开"旧版标题设计器"面板。

图 3-3 "新建字幕"对话框

视频:字幕的
新建与编辑

6. 在"工具"面板中选择"圆角矩形工具",在"字幕工作区"右侧区域拖动绘制圆角矩形,如图 3-4 所示。

7. 在"属性"面板"变换"组中,设置"宽度"为"75.0","高度"为"350.0";在"填充"组中,单击"颜色",如图 3-5 所示,打开"拾色器"对话框,设置"颜色"为深棕色(R:135,G:65,B:19),如图 3-6 所示,单击"确定"按钮。勾选"阴影"复选框,设置"距离"为"6.0","大小"为"4.0",参数设置如图 3-7 所示。

图 3-4　绘制圆角矩形

图 3-5　变换与填充参数设置

图 3-6　"拾色器"对话框

8. 单击"动作"面板"中心"组中的"垂直居中"按钮,如图 3-8 所示,使圆角矩形在"字幕工作区"中垂直居中,效果如图 3-9 所示。

图 3-7　阴影参数设置

图 3-8　"垂直居中"按钮

9. 在"工具"面板中选择"垂直文字工具",如图 3-10 所示。在圆角矩形区域单击,输入"赋得古原草送别",如图 3-11 所示。在"属性"面板中设置"字体系列"为"华文行楷","字体大小"为"30.0","字符间距"为"30.0",填充"颜色"为黑色(R:0,G:0,B:0),取消勾选"阴影"复选框,参数设置如图 3-12 所示。

图 3-9　圆角矩形效果

图 3-10　垂直
文字工具

图 3-11　输入"片头"文字效果

10. 在"工具"面板中选择"选择工具",按住 Shift 键,单击圆角矩形区域,同时选中文字和圆角矩形,单击"动作"面板"对齐"组中的"水平对齐"按钮和"垂直对齐"按钮,如图 3-13 所示。"片头"字幕效果如图 3-14 所示,单击"关闭"按钮。

图 3-12 "片头"文字参数设置

图 3-13 对齐组

11. 在"项目:唐诗鉴赏"面板中选中"片头",按 Ctrl+C 组合键,复制"片头",再按 Ctrl+V 组合键,粘贴"片头",右键单击复制得到的"片头",在弹出的快捷菜单中选择"重命名"命令,将字幕的名称更改为"第 1 句",如图 3-15 所示。

图 3-14　"片头"字幕效果

图 3-15　复制字幕后"项目：唐诗鉴赏"面板

12. 在"第 1 句"上双击，打开"旧版标题设计器"面板，在"工具"面板中选择"垂直文字工具"，选中"赋得古原草送别"，输入"离离原上草"。同时选中文字和圆角矩形，单击"动作"面板"对齐组"中的"水平对齐"按钮和"垂直对齐"按钮，效果如图 3-16 所示。关闭"旧版标题设计器"面板，完成"第 1 句"的编辑。

13. 采用上述方法完成其余诗句的编辑。

14. 将"片头"拖动到视频轨道"V2"的 00：00：00：00 位置，时长调整为 16 秒，如图 3-17 所示。

图 3-16 "第 1 句"字幕效果

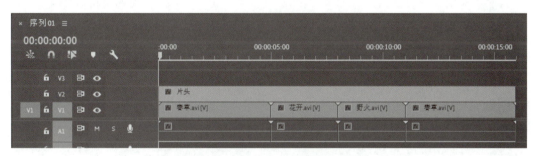

图 3-17 添加"片头"字幕后轨道内容

15. 将"第 1 句"拖动到视频轨道"V3"的 00:00:03:00 位置,时长调整为 13 秒,如图 3-18 所示。

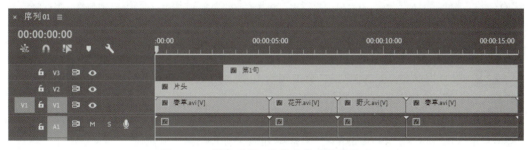

图 3-18 添加"第 1 句"字幕后轨道内容

16. 执行"序列 – 添加轨道"命令,打开"添加轨道"对话框,添加 4 条视频轨道,参数设置如图 3-19 所示,单击"确定"按钮。

图 3-19　"添加轨道"对话框

17. 采用上述方法,将"第 2 句""第 3 句""第 4 句"分别拖动到视频轨道"V4""V5""V6"上,位置分别为 00:00:06:00、00:00:09:00、00:00:12:00,并调整时长,均与"第 1 句"同时结束,如图 3-20 所示。

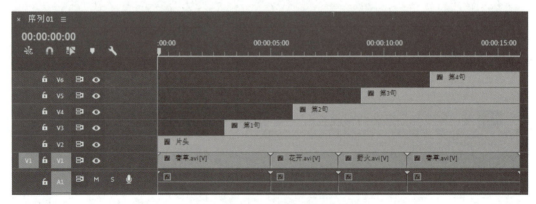

图 3-20　添加全部诗句后轨道内容

18. 选中视频轨道"V3"的"第 1 句",切换到"效果控件"面板,设置"位置"为"271.0, 288.0",参数设置如图 3-21 所示。

19. 采用上述方法,分别将"第 2 句""第 3 句""第 4 句"的"位置"设置为"197.0, 288.0""123.0, 288.0""49.0, 288.0",字幕排列效果如图 3-22 所示。

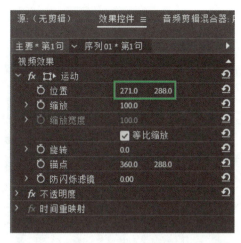

图 3-21 "第 1 句"字幕"位置"参数设置

图 3-22 字幕排列效果

20. 将时间线定位至 00:00:13:00 位置,执行"文件 – 新建 – 旧版标题"命令,新建"片尾"字幕。

21. 在"工具"面板中选择"区域文字工具",在"字幕工作区"左下角拖动,绘制出合适大小的文本框,输入"学唐诗习宋词",效果如图 3-23 所示。

22. 在"样式"面板中选择"Arial Black gold"样式,在"属性"面板中设置"字体系列"为"华文行楷","字体大小"为"33.0","行距"为"12.0",区域文字效果如图 3-24所示。

图 3-23   输入区域文字效果

图 3-24   区域文字效果

23. 在"工具"面板中选择"钢笔工具",在"字幕工作区"左下角依次单击绘制基础路径,如图 3-25 所示。

24. 在"工具"面板中选择"转换锚点工具",在路径的锚点上拖动,调整为心形,效果如图 3-26 所示。

25. 在"属性"面板中设置"图形类型"为"填充贝塞尔曲线","填充类型"为"实底","颜色"为红色(R:255,G:0,B:0),取消勾选"外描边"复选框,参数设置如图 3-27 所示,效果如图 3-28 所示,关闭"旧版标题设计器"面板。

图 3-25　绘制路径

图 3-27　"心形路径"参数设置

图 3-26　路径调整效果

26. 将"片尾"拖动到视频轨道"V7"的 00:00:13:00 位置,时长调整为 3 秒。

27. 在视频轨道"V1"的两视频素材之间添加"溶解"组中的"交叉溶解"视频过渡。

28. 采用上述方法,在每个字幕文件的开始位置添加"溶解"组中的"交叉溶解"视频过渡,如图 3-29 所示。

图 3-28　"心形路径"效果

29. 删除所有音频轨道内容,将"背景音乐 .wav"拖动到音频轨道"A1"的 00:00:00:00 位置。

30. 保存项目,导出视频。

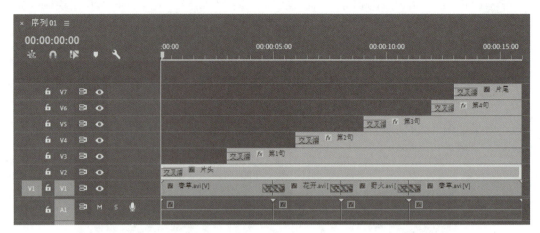

图 3-29　添加视频过渡后轨道内容

3.1.1　创建新版字幕

1. 生成字幕

应用"文字工具"生成字幕。选择"工具"面板中的"文字工具",在"节目监视器"面板中单击,可以直接输入文字,或者拖动绘制文本框,输入区域文字,如图 3-30 所示。输入完成后,在视频轨道上时间线位置自动生成 1 个字幕,字幕自动以文字内容命名,如图 3-31 所示。

图 3-30　在"节目监视器"面板中编辑文字

2. 设置字幕属性

（1）应用"效果控件"面板设置文本属性。选中视频轨道上的字幕,在"效果控件"面板中,对文字的属性、布局和排列进行设置,如图 3-32 所示。

（2）应用"基本图形"面板设置文本属性。执行"窗口 – 基本图形"命令,在"基本图形"面板的"编辑"选项卡中,对文字的属性、布局和排列进行设置,如图 3-33 所示。

图 3-31 新版字幕在视频轨道上的显示效果

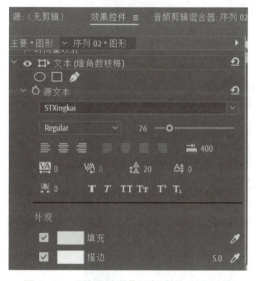

图 3-32 "效果控件"面板中的文本属性

图 3-33 "基本图形"面板中的文本属性

3.1.2 利用"库"创建字幕

1. 执行"窗口 – 基本图形"命令,在"基本图形"面板"浏览"选项卡"库"分组中,选择合适的字幕模板,将其拖动到视频轨道上,打开"解析字体"对话框,如图 3-34 所示。单击"取消"按钮,字幕模板即可添加到视频轨道中,"库"字幕添加效果如图 3-35 所示。

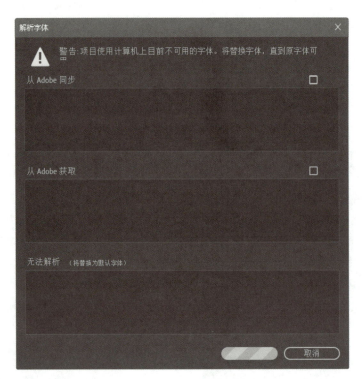

图 3-34　"解析字体"对话框

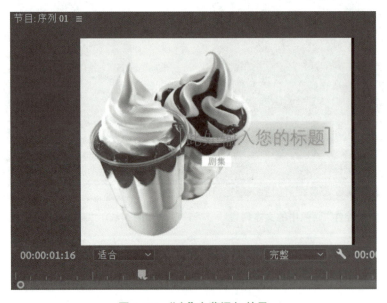

图 3-35　"库"字幕添加效果

2. 在"工具"面板中选择"文字工具",可在"节目监视器"面板中对字幕模板内容进行更改;在"工具"面板中选择"选择工具",可在"节目监视器"面板中对字幕位置进行移动。

3.1.3 创建标题字幕

1. 执行"文件–新建–旧版标题"命令,打开"新建字幕"对话框,如图 3–36 所示。单击"确定"按钮,打开"旧版标题设计器"面板。

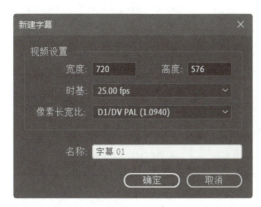

图 3–36 "新建字幕"对话框

2. 在"旧版标题设计器"面板中可以完成文字的创建、编辑及处理,制作各种文字效果,还可以绘制各种图形,为用户的字幕编辑工作提供了很大的便捷,"旧版标题设计器"面板如图 3–37 所示。

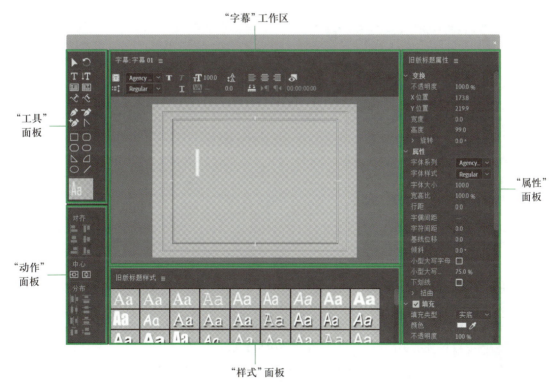

图 3–37 "旧版标题设计器"面板

　　（1）"字幕"工作区：本区域位于"旧版标题设计器"面板的中心，是制作文字和绘制图形的工作区域，并可设置字幕的运动类型、字体系列、粗体、斜体和下画线等。在该工作区中有两个白色的矩形线框，其中内线框是安全字幕边距，外线框是安全动作边距。如果文字或者图像放置在安全框之外，一些 NTSC 制式的电视中，这部分内容将不会被显示出来，即使能够显示，很可能也会出现模糊或者变形现象。因此，在创建字幕时最好将文字和图像放置在安全边距内。

　　（2）"工具"面板：该面板提供了一些制作文字与图形的常用工具，利用这些工具可以为影片添加标题及文本，绘制几何图形和定义文本样式。

　　（3）"动作"面板：该面板中的各个按钮主要用于快速地排列或者分布文字。

　　（4）"属性"面板：该面板分为 6 个选项组，分别为"变换""属性""填充""描边""阴影"和"背景"，在该面板中可以设置文字的具体参数。

　　（5）"样式"面板：在 Premiere Pro CC 中，已经设置好了一些文字效果和多种字体效果，如字体大小、颜色和阴影等，用户可以直接选择使用。

> ● 提示：
>
> 　　Premiere Pro CC 提供了 3 种不同的字幕创建方法，本书中新建字幕默认使用旧版标题字幕。

3.2　实例"天气预报"

 学习目标及要求

　　熟练掌握路径文字的创建方法。
　　掌握滚动字幕的设置方法。
　　熟练掌握立体字的设置方法。

 学习内容及操作步骤

　　运用字幕工具完成字幕的创建与修饰，制作"天气预报"，效果图如图 3-38 所示。

1. 新建项目，设置"名称"为"天气预报"，"位置"为"3.2 天气预报"。
2. 新建序列，"序列预设"选择"DV-PAL"中的"标准 48 kHz"。
3. 将素材文件夹中的所有素材导入到"项目"面板中。
4. 单击"项目：天气预报"面板下方的"新建项"按钮，在弹出的快捷菜单中选择"颜色遮罩"命令，打开"新建颜色遮罩"对话框，如图 3-39 所示，单击"确定"按钮，打开"拾色器"对话框,设置颜色为浅蓝色(R:79,G:206,B:234),两次单击"确定"按钮,颜色遮罩创建完成。

5. 将"项目:天气预报"面板中的"颜色遮罩"拖动到"时间轴"面板中视频轨道"V1"的00:00:00:00位置,时长调整为15秒。

6. 新建字幕,设置"名称"为"片头",打开"旧版标题设计器"面板,选择"文字工具",单击"字幕工作区",输入"天气预报"。

7. 在"属性"面板中设置"字体系列"为"华文琥珀","填充类型"为"线性渐变","颜色"为从黄色(R:190,G:197,B:13)渐变到绿色(R:13,G:197,B:43),单击"外描边"右侧"添加","类型"选择"深度",设置"大小"为"39.0","颜色"为白色(R:255,G:255,B:255),垂直居中,水平居中,参数设置如图3-40所示。"片头"字幕效果如图3-41所示。关闭"旧版标题设计器"面板。

图3-38 "天气预报"效果图

图3-39 "新建颜色遮罩"对话框

图3-40 "片头"参数设置

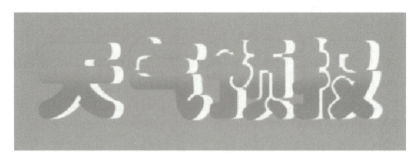

图 3-41　"片头"字幕效果

8.　将"片头"拖动到视频轨道"V2"的 00：00：00：00 位置，时长调整为 2 秒。

9.　新建字幕，设置"名称"为"形状"，打开"旧版标题设计器"面板，在"工具"面板中选择"直线工具"，按住 Shift 键，在中下部拖动绘制一条水平直线。

视频：绘制
形状

10.　在"工具"面板中选择"椭圆工具"，按住 Shift 键，在左上部拖动绘制正圆形，在"属性"面板中，设置"图形类型"为"闭合贝塞尔曲线"，效果如图 3-42 所示。关闭"旧版标题设计器"面板。

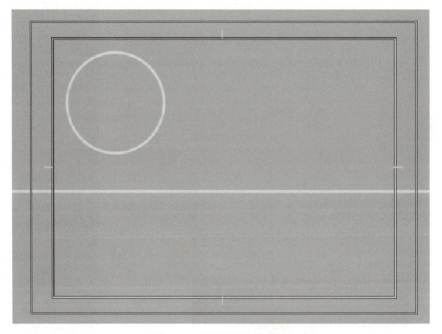

图 3-42　"形状"字幕效果

11.　将"形状"拖动到视频轨道"V3"的 00：00：02：00 位置，时长调整为 10 秒。

12.　将"地球 .png"拖动到视频轨道"V2"的 00：00：02：00 位置，时长调整为 10 秒。在"效果控件"面板中选中"运动"，在"节目监视器"面板中出现调整框，拖动进行位置和缩放的调整，效果如图 3-43 所示。

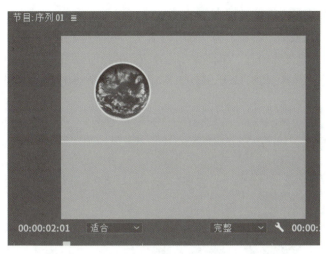

图 3-43 "形状"字幕与"地球 .png"组合效果

13. 将时间线定位至 00：00：02：00 位置，新建字幕，设置"名称"为"路径文字"，打开"旧版标题设计器"面板，在"工具"面板中选择"路径文字工具"，以白色圆环为参考，沿顺时针方向依次单击并轻移，绘制圆形路径。

14. 再次选择"路径文字工具"，在绘制的圆形闭合路径上单击，输入"天气预报"，在"属性"面板中设置"字体系列"为"华文新魏"，"字体大小"为"40.0"，适当调整基线位移，旋转角度，效果如图 3-44 所示。关闭"旧版标题设计器"面板。

视频：新建并
编辑路径文字

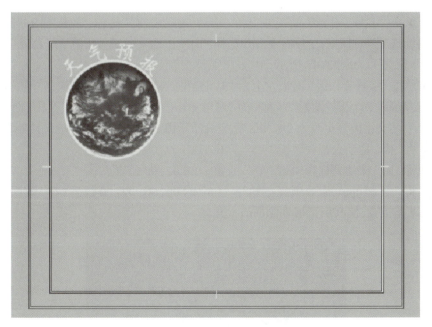

图 3-44 "路径文字"设置效果

15. 将"路径文字"拖动到视频轨道"V4"的 00∶00∶02∶00 位置,时长调整为 10 秒。

16. 新建字幕,设置"名称"为"雨",内容为"城南区有短时雷雨 空气质量优",设置"字体系列"为"华文琥珀","字体大小"为"60.0","行距"为"25.0","字符间距"为"9.0","颜色"为红色(R∶255,G∶0,B∶0),居中对齐,水平居中,效果如图 3-45 所示。

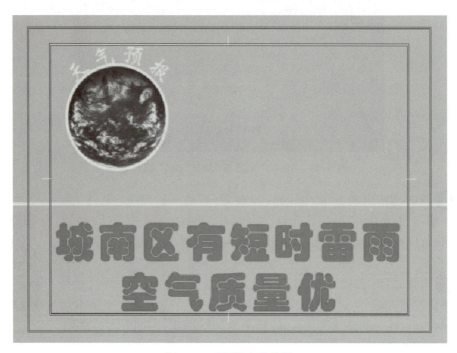

图 3-45 "雨"字幕效果

17. 单击"字幕工作区"面板左上角"滚动 / 游动选项"按钮,如图 3-46 所示。打开"滚动 / 游动选项"对话框,"字幕类型"选择"向左游动",勾选"开始于屏幕外"和"结束于屏幕外"复选框,如图 3-47 所示,单击"确定"按钮。

18. 单击"字幕工作区"面板左上角"基于当前字幕新建字幕"按钮,如图 3-48 所示。打开"新建字幕"对话框,设置"名称"为"晴",单击"确定"按钮。在"工具"面板中选择"文字工具",将文字内容更改为"城北区晴 空气质量优"。关闭"旧版标题设计器"面板。

19. 将"雨"拖动到视频轨道"V5"的 00∶00∶02∶00 位置。

20. 将"晴"拖动到视频轨道"V5"的 00∶00∶07∶00 位置。

21. 将"雨伞 .jpg"拖动到视频轨道"V6"的 00∶00∶02∶00 位置,在"效果控件"面板中适当调整位置,使其位于视频画面右上角。

图 3-46 "滚动 / 游动选项"按钮

图 3-47 "滚动/游动选项"对话框

图 3-48 "基于当前字幕新建字幕"按钮

22. 将"太阳.jpg"拖动到视频轨道"V6"的 00∶00∶07∶00 位置,在"效果控件"面板中适当调整位置,使其位于视频画面右上角。

23. 新建字幕,设置"名称"为"片尾",内容为"再见","字体系列"为"华文行楷",关闭"旧版标题设计器"面板。

24. 将"片尾"拖动到视频轨道"V2"的 00∶00∶12∶00 位置,时长调整为 3 秒。添加"片尾"字幕后轨道内容如图 3-49 所示。

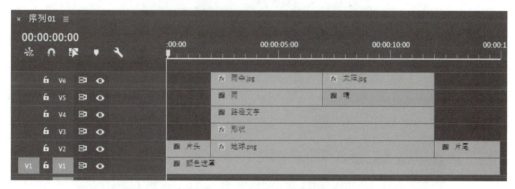

图 3-49 添加"片尾"字幕后轨道内容

25. 在"效果"面板中搜索"粗糙边缘"视频效果,并将其拖动到视频轨道"V2"的"片尾"上。

26. 选中视频轨道"V2"中的"片尾",在"效果控件"面板中展开"粗糙边缘"组,设置"边框"为"0.00","边缘锐度"为"10.00",参数设置如图 3-50 所示。

27. 将时间线定位至 00∶00∶13∶00 位置,在"效果控件"面板中依次单击"缩放""边框"和"偏移(湍流)"左边"切换动画"按钮,记录缩放、边框和偏移关键帧。将时间线定位至 00∶00∶14∶24 位置,设置"缩放"为"500.0","边框"为"80.00","偏移(湍流)"为"750.0,100.0",如图 3-51 所示。

28. 为视频轨道内素材添加恰当的视频过渡。

29. 将"背景音乐.wav"拖动到音频轨道"A1"的 00∶00∶00∶00 位置。

30. 保存项目,导出视频。

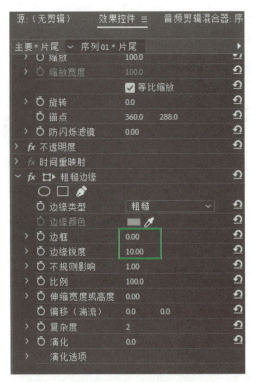

图 3-50　"粗糙边缘"参数设置

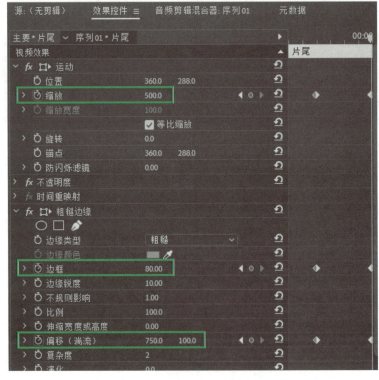

图 3-51　"片尾"字幕关键帧参数设置

3.2.1 创建路径文字

利用"工具"面板中的"路径文字工具"和"垂直路径文字工具",可以在字幕工作区创建路径文字。

1. 在"工具"面板中选择"路径文字工具"或者"垂直路径文字工具"。

2. 移动鼠标到字幕工作区,此时鼠标变成黑色笔尖形状,在恰当的位置单击,产生一个锚点。

3. 若在另一个位置单击,产生第二个锚点,两个锚点之间会出现一条直线,如图 3-52 所示;若在另一个位置拖动,产生第二个锚点,两个锚点之间会出现一条曲线,如图 3-53 所示。两个锚点间的连线即文本路径。

图 3-52　单击产生的文本路径

图 3-53　拖动产生的文本路径

4. 完成文本路径绘制后,可以选择"工具"面板的"转换锚点工具"对路径进行调整,调整前后的文本路径分别如图 3-54 和图 3-55 所示。

5. 选择任意一种文字输入工具,在路径上单击,出现光标闪烁后即可输入路径文字。

图 3-54　调整前的文本路径

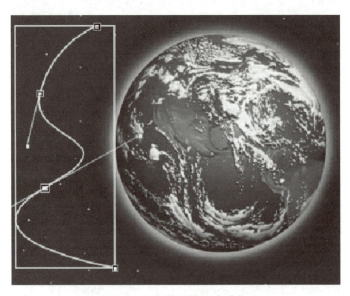

图 3-55　调整后的文本路径

3.2.2 创建运动字幕

观看电影时,经常会看到影片的开头和结尾有滚动文字,显示导演与演员的姓名等,或者是影片中出现滚动的对白文字。这些文字可以使用视频编辑软件添加到视频画面中。Premiere Pro CC 中提供了垂直滚动和水平滚动两种字幕效果。

1. 制作垂直滚动字幕

(1)单击"字幕工作区"面板左上角"滚动/游动选项"按钮,在打开的"滚动/游动选项"对话框中选择"滚动",根据需要在"定时(帧)"栏中勾选"开始于屏幕外"和"结束于屏幕外"复选框,如图 3–56 所示。单击"确定"按钮,即可实现字幕从下向上垂直滚动,效果如图 3–57 所示。

图 3–56　垂直滚动字幕参数设置

图 3–57　垂直滚动字幕效果

(2)在"字幕工作区"面板中单击"滚动/游动选项"按钮,在打开的"滚动/游动选项"对话框中选择"向右游动",单击"确定"按钮。再次打开"滚动/游动选项"对话框,选择"滚动",即可实现字幕从上向下垂直滚动。

2. 制作水平滚动字幕

　　单击"字幕工作区"面板左上角"滚动 / 游动选项"按钮,在打开的"滚动 / 游动选项"对话框中选择"向左游动"或"向右游动",根据需要在"定时(帧)"栏中勾选"开始于屏幕外"和"结束于屏幕外"复选框,单击"确定"按钮,即可实现字幕水平滚动,效果如图 3-58 所示。

图 3-58　水平滚动字幕效果

3.3　实践"大学生科技节"　

　　运用"路径文字工具"输入文字并设置文字属性,绘制恰当的形状并进行美化,为字幕添加动作,添加合理的视频过渡,制作"大学生科技节",效果图如图 3-59 所示。

　　1. 新建项目,设置"名称"为"大学生科技节","位置"为"3.3 大学生科技节宣传片"。

　　2. 新建序列,"序列预设"选择"DV-PAL"中的"标准 48 kHz"。

　　3. 将素材文件夹中的所有素材导入到"项目"面板中。

　　4. 将"项目:大学生科技节"面板中的"光 .jpg"拖动到"时间轴"面板中视频轨道"V1"的 00∶00∶00∶00 位置,时长调整为 2 秒,将"星座 .jpg"拖动到视频轨道"V1"的 00∶00∶02∶00 位置。分别在"效果控制"面板"运动"中调整缩放,使其占满整个屏幕。

　　5. 新建字幕,设置"名称"为"片头",路径文字内容为"大学生科技节","字体系列"为"汉仪粗宋简",字体大小自左向右逐渐增大,合理调整字距,添加外描边设置立体效果。

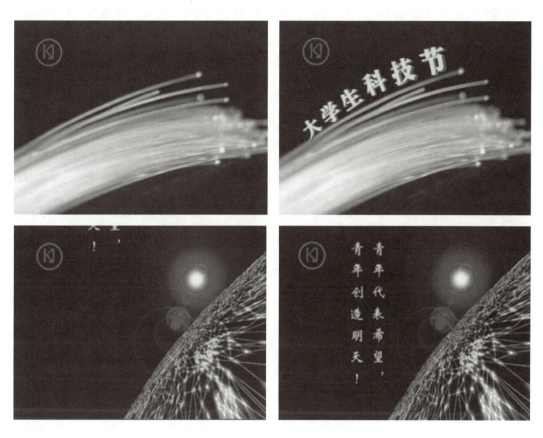

图 3-59 "大学生科技节"效果图

● 提示：

启动 Premiere 软件前，在素材文件夹中右键单击"汉仪超粗宋简"字体文件，在弹出的快捷菜单中选择"安装"命令，即完成该字体的安装。

6. 新建字幕，设置"名称"为"内容"，垂直区域文字内容为"青年代表希望，青年创造明天！"，"字体系列"为"华文新魏"，合理设置"字体大小""字符间距"和"行距"，设置字幕自上往下滚动。

7. 新建字幕，设置"名称"为"标志"，绘制圆环，并在圆环中输入"KJ"，设置"字体系列"为"华文新魏"，"字体大小"为"57.0"，"字符间距"为"-30.0"。

8. 将"片头"拖动到视频轨道"V3"的 00：00：00：00 位置，时长调整为 2 秒。

9. 将"内容"拖动到视频轨道"V2"的 00：00：02：00 位置。

10. 将"标志"拖动到视频轨道"V3"的 00：00：02：00 位置。

11. 在"片头"开始位置添加"立方体旋转"视频过渡,在"光 .jpg"和"星座 .jpg"之间添加"交叉溶解"视频过渡,在"标志"结束位置和"内容"开始位置添加"交叉溶解"视频过渡。

12. 添加背景音乐,并截取适当的音频片段,音频与视频同时开始、同时结束。

13. 保存项目,导出视频。

第 4 章
视频过渡效果

本章目录

示例: 第 4 章
实例效果

4.1 实例 "壮美山河"

 学习目标及要求

熟练掌握默认视频过渡的使用方法。

掌握视频过渡的添加方法。

了解视频过渡参数的设置方法。

 学习内容及操作步骤

添加默认视频过渡,并设置视频过渡参数制作 "壮美山河",效果图如图 4-1 所示。

图 4-1 "壮美山河"效果图

1. 新建项目,设置 "名称" 为 "壮美山河","位置" 为 "4.1 壮美山河"。

2. 新建序列,"序列预设" 选择 "DV-PAL" 中的 "标准 48 kHz"。

3. 执行 "编辑 – 首选项 – 时间轴" 命令,打开 "首选项" 时间轴对话框,如图 4-2 所示。设置 "视频过渡默认持续时间" 为 "50 帧","静止图像默认持续时间" 为 "3.00 秒",单击 "确定" 按钮。

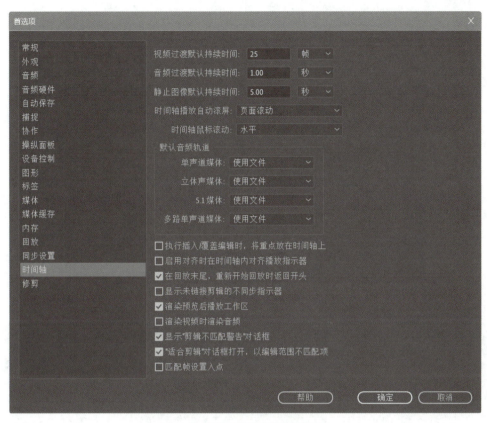

图 4-2 "首选项"时间轴对话框

4. 将素材文件夹中的所有素材导入到"项目"面板中。

5. 在"项目:壮美山河"面板中,按住 Ctrl 键,依次选中"长江.jpg""黄河.jpg""淮河.jpg""珠江.jpg""山 1.jpg""山 2.jpg""山 3.jpg""岳 1.jpg""岳 2.jpg""岳 3.jpg""岳 4.jpg""岳 5.jpg",拖动到"时间轴"面板中视频轨道"V1"的 00:00:00:00 位置。

6. 新建字幕,设置"名称"为"片头"。绘制矩形,设置颜色为浅蓝色(R:21,G:181,B:216),不透明度为"60%",水平居中。在矩形区域输入文字"什么叫壮美山河?",设置"字体系列"为"汉仪粗宋简","字体大小"为"46.0","字符间距"为"36.0","颜色"为白色(R:255,G:255,B:255),"不透明度"为"100%",如图 4-3 所示。

7. 在"项目:壮美山河"面板中,复制"片头",重命名为"河",更改文字内容为"江河湖海,日夜奔腾!",适当调整大小和位置。

8. 复制"河",重命名为"山",更改文字内容为"三山五岳,巍巍耸立!"。

9. 复制"片头",重命名为"片尾",更改文字内容为"我爱我的祖国!"。

10. 将"片头"拖动到视频轨道"V2"的 00:00:00:00 位置。

11. 将"河"拖动到视频轨道"V2"的 00:00:03:02 位置,时长调整为 8 秒。

12. 将"山"拖动到视频轨道"V2"的 00:00:12:00 位置,时长调整为 20 秒。

13. 将"片尾"拖动到视频轨道"V2"的 00:00:33:00 位置,视频轨道内容如图 4-4 所示。

图 4-3　"片头"字幕

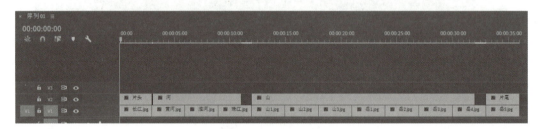

图 4-4　视频轨道内容

14. 切换到"效果"面板，展开"视频过渡"组，再展开"缩放"组，右键单击"交叉缩放"视频过渡，如图 4-5 所示，在弹出的快捷菜单中选择"将所选过渡设置为默认过渡"命令。

图 4-5　设置默认过渡

视频：设置并应用
默认视频过渡

15. 同时选中视频轨道"V1"中的"长江 .jpg""黄河 .jpg""淮河 .jpg""珠江 .jpg",如图 4-6 所示,按 Ctrl+D 组合键,为所选文件添加默认视频过渡,如图 4-7 所示。

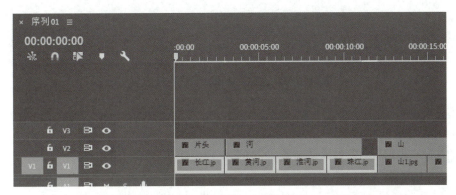

图 4-6　同时选中"长江 **.jpg**""黄河 **.jpg**""淮河 **.jpg**""珠江 **.jpg**"

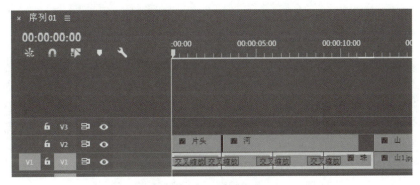

图 4-7　添加默认视频过渡

16. 选中"长江 .jpg"左侧"交叉缩放"视频过渡,按 Delete 键,删除该视频过渡,轨道内容如图 4-8 所示。

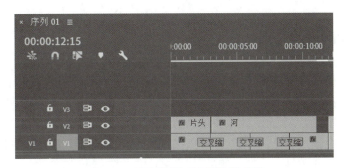

图 4-8　删除视频过渡后轨道内容

17. 将"溶解"组中"交叉溶解"视频过渡设置为默认过渡。同时选中视频轨道"V1"中的"山 1.jpg""山 2.jpg""山 3.jpg""岳 1.jpg""岳 2.jpg""岳 3.jpg""岳 4.jpg""岳 5.jpg",按 Ctrl+D 组合键,为三山五岳添加默认视频过渡,如图 4-9 所示。

图 4-9　为三山五岳添加默认视频过渡

18. 将"擦除"组中的"双侧平推门"视频过渡拖动到视频轨道"V1"的"珠江 .jpg"和"山 1.jpg"之间。

19. 将"划出"设置为默认过渡,同时选中视频轨道"V2"中的"片头""河"和"山",按 Ctrl+D 组合键,添加默认视频过渡。

20. 单击视频轨道"V2"中"山 .jpg"左侧的"划出"视频过渡,在"效果控件"面板中,设置"持续时间"为"00:00:06:00"。

21. 在"片尾"开始位置添加"缩放"组中的"交叉缩放"视频过渡,添加视频过渡后视频轨道内容如图 4-10 所示。

图 4-10　添加视频过渡后视频轨道内容

22. 将"背景音乐 .wav"拖动到音频轨道"A1"的 00:00:00:00 位置,截取 00:00:46:00—00:01:22:00 的音频片段,调整音频位置,使其与视频同时开始、同时结束。

23. 保存项目,导出视频。

4.1.1　视频过渡介绍

视频过渡是指在镜头切换中加入过渡效果,即前一个素材逐渐消失,后一个素材逐渐出现。这些切换提供了一种从一个场景切换到另一个场景的方式。有时,切换还可以用于提高观看者的注意力,来表示故事中的重大转折。

为项目添加视频过渡是一门艺术,应用视频过渡很简单,只需要将视频过渡拖放到需要过渡的素材上即可,但是,视频过渡的技巧在于其位置、长度和参数的设置。

4.1.2　视频过渡持续时间

在"效果控件"面板中,用户可以通过设置"持续时间"调整视频过渡的持续时间,也可以通过拖动"效果控件"面板中时间轴的过渡区域进行调整,如图 4-11 所示。

1. 持续时间:该参数值越大,视频过渡持续时间越长;参数值越小,视频过渡持续时间越短。

2. 过渡区域:该区域越长,视频过渡持续时间越长;该区域越短,视频过渡持续时间越短。

图 4-11　视频过渡持续时间

4.1.3　视频过渡对齐

在"效果控件"面板中,用户可以通过设置"对齐"调整视频过渡的位置,也可以通过移动"效果控件"面板时间轴中过渡区域位置进行调整,如图 4-12 所示。

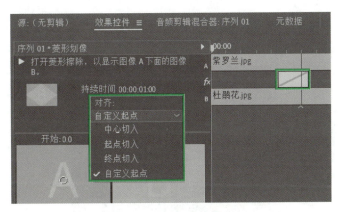

图 4-12　视频过渡对齐

1. 中心切入:将视频过渡添加到 2 个素材的中间。
2. 起点切入:以当前素材的入点位置为基准建立视频过渡。
3. 终点切入:以当前素材的出点位置为基准建立视频过渡。
4. 自定义起点:可以通过自定义添加设置,将光标移动到视频过渡边缘,向左或向右拖动即可改变视频过渡的长度,同时改变视频过渡的起点和终点。

4.1.4　显示实际源

在"效果控件"面板中,有两个视频过渡效果预览区域,用于显示前后两个素材的视频过渡效果,默认状态为不启用,只显示"A"和"B",如图 4-13 所示。勾选"显示实际源"复选框,可以在预览区域中显示出实际的素材效果,如图 4-14 所示。

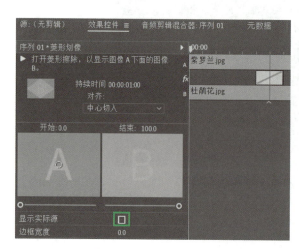

图 4-13　不显示实际源

图 4-14　显示实际源

4.1.5　视频过渡开始、结束效果

在视频过渡预览区上方,可通过设置视频过渡"开始""结束"控件中的百分比,调整视频开始、结束的显示比例,如图 4-15 所示。

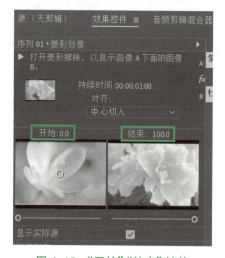

图 4-15　"开始""结束"控件

1. 开始：用于控制视频过渡开始时显示的百分比，默认参数为"0.0"。
2. 结束：用于控制视频过渡结束时显示的百分比，默认参数为"100.0"。

4.1.6 视频过渡边框效果

部分视频过渡会产生一定的边框效果，边框的宽度和颜色由"效果控件"面板中的"边框宽度"和"边框颜色"决定，如图 4–16 所示。

图 4–16 视频过渡边框效果

4.2 实例"风景名胜"

学习目标及要求

熟练掌握视频过渡的添加方法。
熟练掌握视频过渡参数的设置方法。

学习内容及操作步骤

添加视频过渡，并设置视频过渡参数制作"风景名胜"，效果图如图 4–17 所示。

1. 新建项目，设置"名称"为"风景名胜"，"位置"为"4.2 风景名胜"。
2. 新建序列，"序列预设"选择"DV–PAL"中的"标准 48 kHz"。

图 4-17　"风景名胜"效果图

3. 设置"视频过渡默认持续时间"为"50 帧","静止图像默认持续时间"为"3.00 秒"。

4. 将素材文件夹中的所有素材导入到"项目"面板中。

5. 新建"颜色遮罩",颜色为深红色(R:143,G:6,B:6),名称保持默认。

6. 将"项目:风景名胜"面板中的"颜色遮罩"拖动到"时间轴"面板中视频轨道"V1"的 00:00:00:00 位置。

7. 新建字幕,设置"名称"为"片头",内容为"美丽中国","字体系列"为"华文隶书","美"字"倾斜"为"13.0°","丽"字"基线位移"为"47.0","倾斜"为"−17.0°","中"字"倾斜"为"23.0°","国"字"基线位移"为"47.0","倾斜"为"−13.0°",填充"颜色"为黑色(R:0,G:0,B:0),垂直居中,水平居中,效果如图 4-18 所示。

图 4-18　"片头"字幕效果

8. 新建字幕,设置"名称"为"名胜",内容为"风景名胜",旧版标题样式为"Arial Black yellow orange gradient","字体系列"为"华文新魏","字符间距"为"15.0",垂直居中,水平居中,效果如图 4-19 所示。

图 4-19 "名胜"字幕效果

9. 新建字幕,设置"名称"为"片尾",内容为"世界那么大""何不去看看","字体系列"为"华文新魏","字体大小"为"53.0",填充"颜色"为红色(R:255,G:0,B:0),外描边"颜色"为黄色(R:205,G:250,B:10),调整位置和角度,效果如图 4-20 所示。

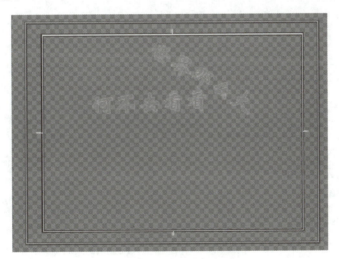

图 4-20 "片尾"字幕效果

10. 将"片头"拖动到视频轨道"V2"的 00:00:00:00 位置。
11. 将"名胜"拖动到视频轨道"V3"的 00:00:00:00 位置。
12. 在"项目:风景名胜"面板中依次选中"故宫 .avi""黄山 .jpg""日月潭 .avi""桂林山水 .jpg""苏州园林 .jpg""西湖 .jpg",将其拖动到视频轨道"V1"的 00:00:03:00 位置。
13. 将"长城 .jpg"拖动到视频轨道"V2"的 00:00:05:00 位置,设置"位置"为"143.0,415.0","缩放"为"41.5","旋转"为"21.1°",参数设置如图 4-21 所示。

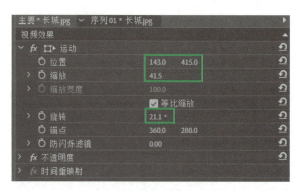

图 4-21　"长城 .jpg"运动参数设置

14. 将"兵马俑 .jpg"拖动到视频轨道"V3"的 00：00：05：00 位置，设置"位置"为"551.0，393.0"，"缩放"为"37.5"，"旋转"为"-45.0°"，效果如图 4-22 所示。

图 4-22　添加"长城 .jpg"和"兵马俑 .jpg"后效果

15. 将"片尾"拖动到视频轨道"V2"的 00：00：21：00 位置，轨道内容如图 4-23 所示。

16. 将时间线定位至 00：00：00：00 位置，选中视频轨道"V2"上的"片头"，在"效果控件"面板中单击"缩放"左侧的"切换动画"按钮，记录缩放关键帧。将时间线定位至 00：00：01：12 位置，设置"缩放"为"0.0"，关键帧参数设置如图 4-24 所示。

17. 选中视频轨道"V3"上的"名胜"，在"效果控件"面板中单击"缩放"左侧的"切换动画"按钮，记录缩放关键帧，设置"缩放"为"0.0"。将时间线定位至 00：00：02：17 位置，设置"缩放"为"100.0"。

图 4-23   添加"片尾"后轨道内容

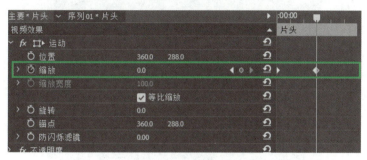

图 4-24   "片头"字幕关键帧参数设置

18. 在"故宫.avi"的开始位置添加"擦除"组中的"双侧平推门"
视频过渡。

19. 选中"故宫.avi"上的"双侧平推门"视频过渡,在"效果控件"
面板中,设置"边框宽度"为"5.0","边框颜色"为白色(R:255,G:255,
B:255),参数设置如图 4-25 所示。

视频:视频过渡
参数设置

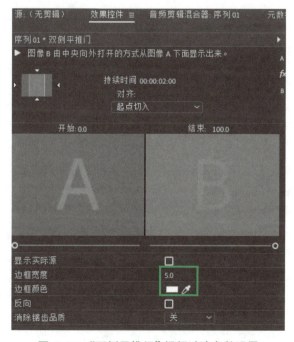

图 4-25   "双侧平推门"视频过渡参数设置

20. 在"长城 .jpg"开始位置添加"页面剥落"组中的"翻页"视频过渡。

21. 在"兵马俑 .jpg"开始位置添加"滑动"组中的"推"视频过渡,勾选"反向"复选框,参数设置如图 4-26 所示。

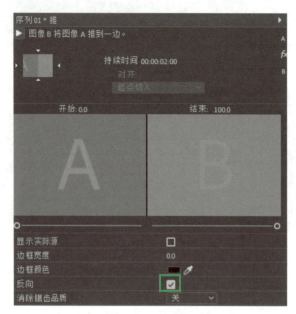

图 4-26 "推"视频过渡参数设置

22. 在"故宫 .avi"和"黄山 .jpg"之间添加"溶解"组中的"交叉溶解"视频过渡,设置"对齐"为"中心切入"。

23. 在"黄山 .jpg"和"日月潭 .avi"之间添加"滑动"组中的"中心拆分"视频过渡,设置"对齐"为"中心切入"。

24. 在"日月潭 .avi"和"桂林山水 .jpg"之间添加"擦除"组中的"渐变擦除"视频过渡,设置"对齐"为"起点切入"。

25. 在"桂林山水 .jpg"和"苏州园林 .jpg"之间添加"擦除"组中的"时钟式擦除"视频过渡,设置"对齐"为"起点切入","边框"为"5.0","边框颜色"为白色(R:255,G:255,B:255)。

26. 选中视频轨道"V1"中"苏州园林 .jpg"上的"时钟式擦除"视频过渡,按 Ctrl+C 组合键复制视频过渡。将时间线定位至 00:00:21:00 位置,按 Ctrl+V 组合键粘贴视频过渡,为"西湖 .jpg"添加视频过渡,设置"对齐"为"起点切入"。

27. 选中视频轨道"V2",按 Ctrl+V 组合键粘贴视频过渡,为"片尾"添加视频过渡。添加全部视频过渡后轨道内容如图 4-27 所示。

28. 删除所有音频轨道内容,将"背景音乐 .wav"拖动到音频轨道"A1"的 00:00:00:00 位置,截取 00:00:05:08—00:00:29:08 的音频片段,调整音频位置,使其与视频同时开始、同时结束。

29. 保存项目,导出视频。

图 4-27　添加全部视频过渡后轨道内容

4.2.1　3D 运动

"3D 运动"的特征是主要体现镜头之间的层次变化，从而给观众带来一种从二维空间到三维空间的立体视觉效果。"3D 运动"组包含"立方体旋转"和"翻转"2 种视频过渡。

1. "立方体旋转"视频过渡可以使镜头 1 和镜头 2 如同立方体的 2 个面一样过渡转换，效果如图 4-28 所示。

图 4-28　"立方体旋转"效果

2. "翻转"视频过渡可以使镜头 1 翻转到镜头 2。在"效果控件"面板中单击"自定义"按钮，打开"翻转设置"对话框，可以设置翻转的带数和填充颜色，如图 4-29 所示，效果如图 4-30 所示。

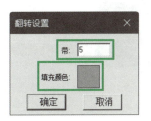

图 4-29　"翻转设置"对话框

图 4-30　"翻转"效果

4.2.2　划像

"划像"的特征是在前一镜头以划像方式退出的同时,后一镜头中的画面逐渐显现。"划像"组包含"交叉划像""圆划像""盒形划像""菱形划像"4 种视频过渡。

1."交叉划像"视频过渡可以使镜头 2 的画面以十字的形态出现在镜头 1 的画面中,效果如图 4-31 所示。

图 4-31　"交叉划像"效果

2."圆划像""盒形划像""菱形划像"视频过渡除了划像形状不同外,本质上没有区别,均通过逐渐放大或缩小由平面图形所组成的透明部分来达到镜头切换的目的,"圆划像"效果如图 4-32 所示。

图 4-32　"圆划像"效果

4.2.3　擦除

"擦除"的特征是在画面的不同位置,以多种不同形式来抹除镜头 1 的画面,从而显示出镜头 2 的画面。

1. "划出"与"双侧平推门"视频过渡只有出现方式的区别,"划出"是镜头 2 从屏幕一侧显现出来,效果如图 4-33 所示。"双侧平推门"是从两侧向中间或从中间向两侧显现出来,效果如图 4-34 所示。

图 4-33　"划出"效果

图 4-34　"双侧平推门"效果

2. "带状擦除"视频过渡是一种采用矩形条带左右交叉的形式来擦除镜头 1 的画面,从而显示镜头 2 的画面的视频过渡。在"效果控件"面板中单击"自定义"按钮,打开"带状擦除设置"对话框,可以设置"带数量",如图 4-35 所示,效果如图 4-36 所示。

图4-35 "带状擦除设置"对话框   图4-36 "带状擦除"效果

3. "径向擦除""时钟式擦除""楔形擦除"视频过渡没有本质的区别,都是以屏幕的某一点为圆心擦除镜头1的画面,从而显现出镜头2的画面。"径向擦除"以镜头某个角为圆心,"时钟式擦除"和"楔形擦除"以镜头中心点为圆心。"径向擦除"效果如图4-37所示,"时钟式擦除"效果如图4-38所示。

4. "插入"视频过渡通过一个逐渐放大的矩形框,将镜头1的画面从屏幕某个角开始擦除,直至完全显现出镜头2的画面,效果如图4-39所示。

5. "棋盘"和"棋盘擦除"视频过渡都是把屏幕画面分成大小相等的小方格。"棋盘擦除"是所有的小方格从指定的方向同时进行擦除操作。

● 提示:

"擦除"组中,其他视频过渡的使用方法与上述视频过渡的基本相同,只是视频过渡样式和形状有所不同。

图4-37 "径向擦除"效果

图 4-38 "时钟式擦除"效果

图 4-39 "插入"效果

4.2.4 沉浸式视频

"沉浸式视频"的特征是确保过渡画面不会出现失真现象,且接缝线周围不会出现伪影,"沉浸式视频"组包括了 VR(虚拟现实)类型的视频过渡效果。

1. "VR 光圈擦除"和"VR 渐变擦除"视频过渡均是使镜头 2 逐渐替代镜头 1,区别在于"VR 光圈擦除"是镜头 2 以圆角矩形逐渐替代镜头 1,最后出现两个黑色的小圆,直至消失,效果如图 4-40 所示;而"VR 渐变擦除"是使镜头 1 以渐变的方式在镜头 2 中逐渐消失。

2. "VR 光线""VR 漏光""VR 球型模糊""VR 色度泄露"视频过渡均是在光线的参与下进行的过渡。"VR 光线"使镜头 1 逐渐变为强光,最后淡化为镜头 2,效果如图 4-41所示。

图 4-40　"VR 光圈擦除"效果

图 4-41　"VR 光线"效果

3."VR 随机块"和"VR 默比乌斯缩放"视频过渡均是使镜头 2 逐渐覆盖镜头 1。"VR 随机块"是以方块的形式逐渐覆盖,而"VR 默比乌斯缩放"是镜头 2 以小孔形式逐渐变大,同时展开被挤压的镜头 2 画面,效果如图 4-42 所示。

图 4-42　"VR 默比乌斯缩放"效果

4.2.5 溶解

"溶解"的特征是以淡入淡出的形式来完成不同镜头间的过渡。在这类过渡中,前一个镜头画面以柔和的方式过渡到后一个镜头的画面中。

1. "MorphCut"视频过渡又称为"断帧修复",一般只用于特定的场景,例如,单背景单人物的采访,中间剪去一段后,添加"MorphCut"视频过渡可以让过渡更加顺畅。

2. "交叉溶解""叠加溶解""胶片溶解"视频过渡都是在镜头1淡出(逐渐消隐)的过程中,镜头2淡入(逐渐显现)。"交叉溶解"视频过渡是最标准的淡出和淡入。"叠加溶解"视频过渡是使镜头1以加亮的模式淡出。"胶片溶解"视频过渡是使镜头1以胶片的形式淡出,效果如图4-43所示。

图 4-43 "胶片溶解"效果

3. "非叠加溶解"视频过渡在镜头交替的过程中,呈现出不规则的形状,镜头1的画面内容由暗到亮逐渐被镜头2替代,效果如图4-44所示。

图 4-44 "非叠加溶解"效果

4."白场过渡"和"黑场过渡"视频过渡是使镜头 1 逐渐变为白色或黑色后,镜头 2 逐渐出现。

4.2.6 滑动

"滑动"的特征是通过画面的平移变化实现镜头画面间的切换。

1."中心拆分"和"拆分"视频过渡都是把镜头 1 分裂滑出,逐渐显现镜头 2。"中心拆分"是从中心分裂成大小相等的 4 块,"拆分"是从中间向左右分裂成相等的两块。"中心拆分"效果如图 4-45 所示。

图 4-45 "中心拆分"效果

2."带状滑动"视频过渡是使镜头 2 以带状进入并逐渐覆盖镜头 1。在"效果控件"面板中,单击"自定义"按钮,打开"带状滑动设置"对话框,可以设置"带数量",如图 4-46 所示,效果如图 4-47 所示。

图 4-46 "带状滑动设置"对话框　　　　　　图 4-47 "带状滑动"效果

3. "推"和"滑动"视频过渡都是使镜头 2 逐渐挤掉镜头 1。"推"是镜头 2 画面把镜头 1 画面推走,"滑动"是镜头 2 画面逐渐覆盖在镜头 1 上,而镜头 1 画面保持不动。

4.2.7 缩放

"缩放"组只包含"交叉缩放"视频过渡,该视频过渡是使镜头 1 逐渐放大冲出,镜头 2 逐渐缩小进入,效果如图 4-48 所示。

图 4-48 "交叉缩放"效果

4.2.8 页面剥落

"页面剥落"的特征是用于模仿翻书效果,即镜头 1 卷曲退出以显示镜头 2 的画面。
"翻页"和"页面剥落"视频过渡均是从一角以纸张翻页的形式使镜头 2 代替镜头 1。
"页面剥落"视频过渡中纸张的背面是不透明的,效果如图 4-49 所示。

图 4-49 "页面剥落"效果

4.3　实践"成长相册"

运用视频过渡,并设置视频过渡参数制作"成长相册",效果图如图 4-50 所示。

图 4-50　"成长相册"效果图

1. 新建项目,设置"名称"为"成长相册","位置"为"4.3 成长相册"。

2. 新建序列,"序列预设"选择"DV-PAL"中的"标准 48 kHz"。

3. 设置"静止图像默认持续时间"为"3.00 秒",将素材文件夹中的所有素材导入到"项目"面板中。

4. 在"项目:成长相册"面板中,按住 Ctrl 键,依次选中"婴儿 .jpg""幼儿 .jpg""小学生 1.jpg""中学生 .jpg""大学生 .jpg""职业 .jpg",并将其拖动到"时间轴"面板中视频轨道"V1"的 00:00:00:00 位置。

5. 将"小学生 2.jpg"拖动到视频轨道"V2"的 00:00:06:00 位置,设置"位置"为"216.0,288.0"。

6. 新建字幕,分别设置"名称"为"片头""快乐""小学生"和"片尾",内容为"成长""快乐天使""我是小学生"和"不负韶华",设置合适的字体属性,"小学生"和"片尾"为垂直滚动字幕。

7. 将字幕拖动到视频轨道 "V3" 上,并根据内容调整其在视频轨道中的位置和持续时间。

8. 选中 "片头",适当调整位置,并将锚点位置调整到 "成长" 两个字中间。将时间线定位至 00:00:00:00 位置,记录缩放关键帧,设置 "缩放" 为 "0.0"。将时间线定位至 00:00:02:12 位置,设置 "缩放" 为 "100.0",关键帧参数设置如图 4-51 所示,得到文字放大的动画效果。

图 4-51 "片头" 字幕的 "缩放" 关键帧参数设置

9. 切换到 "效果" 面板,将 "视频效果" 中 "过渡" 组中的 "线性擦除" 视频效果拖动到视频轨道 "V2" 的 "小学生 2.jpg" 上,设置 "过渡完成" 为 "37%","擦除角度" 为 "-76.0°",参数设置如图 4-52 所示。

图 4-52 "线性擦除" 参数设置

10. 在视频轨道 "V1" 中的两个素材之间添加合适的视频过渡,并根据需要调整参数。

11. 在视频轨道 "V2" 中的 "小学生 2.jpg" 的开始位置添加合适的视频过渡,并根据需要调整参数。

12. 添加背景音乐,并截取适当的音频片段,音频与视频同时开始、同时结束。

13. 保存项目,导出视频。

第 5 章
关键帧动画

本章目录

示例：第 5 章

实例效果

5.1　实例"水墨中国"

　学习目标及要求

了解关键帧的概念。

熟练掌握创建关键帧的方法。

　学习内容及操作步骤

运用关键帧动画制作"水墨中国",效果图如图 5-1 所示。

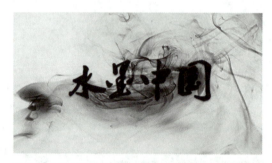

图 5-1　"水墨中国"效果图

1. 新建项目,设置"名称"为"水墨中国","位置"为"5.1 水墨中国"。

2. 新建序列,"序列预设"选择"DV-PAL"中的"宽屏 48 kHz"。

3. 将素材文件夹中的所有素材导入到"项目"面板中,因"画卷 .psd"包含多个图层,在打开的"导入分层文件:画卷"对话框中,"导入为"选择"各个图层",并确保 3 个图层均被勾选,如图 5-2 所示,单击"确定"按钮完成导入。"画卷 .psd"导入内容如图 5-3 所示。

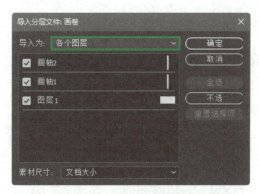

图 5-2 "导入分层文件:画卷"对话框

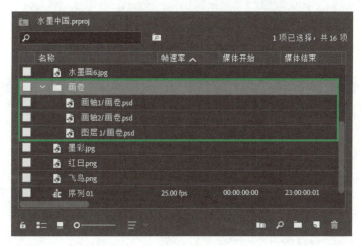

图 5-3 "画卷.psd"导入内容

4. 将"项目:水墨中国"面板中的"墨彩.jpg"拖动到"时间轴"面板中视频轨道"V1"的 00:00:00:00 位置,时长调整为 38 秒,在"效果控件"面板中,设置"缩放"为"132.0"。

5. 将"水墨中国.png"拖动到视频轨道"V2"的 00:00:00:00 位置,时长调整为 4 秒。选中"水墨中国.png",在"效果控件"面板中展开"运动"选项。将时间线定位至 00:00:00:00 位置,单击"缩放"左侧的"切换动画"按钮,记录缩放关键帧,设置"缩放"为"0.0"。将时间线定位至 00:00:03:00 位置,设置"缩放"为"100.0",即可自动添加关键帧,得到文字放大的动画效果,关键帧如图 5-4 所示。

6. 将"图层 1/画卷.psd"拖动到视频轨道"V3"的 00:00:04:00 位置,设置"缩放"为"75.0"。将"画轴 2/画卷.psd"拖动到视频轨道"V4"的 00:00:04:00 位置,设置"缩放"为"75.0"。将"画轴 1/画卷.psd"拖动到视频轨道"V5"的 00:00:04:00 位置,设置"缩放"为"75.0"。均调整结束位置至 00:00:38:00 时刻,"时间轴"面板轨道内容如图 5-5 所示。

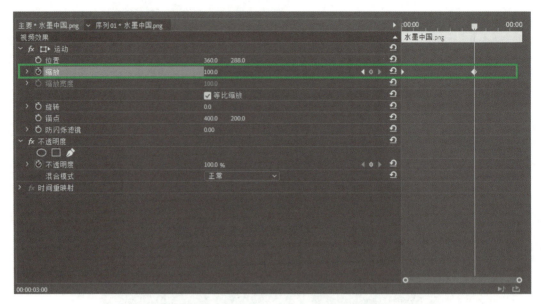

图 5-4 "水墨中国 .png"的"缩放"关键帧

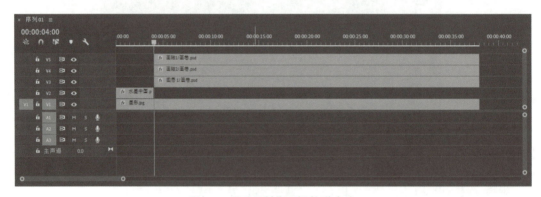

图 5-5 "时间轴"面板轨道内容

7. 选中"画轴 2/ 画卷 .psd",将时间线定位至 00：00：08：00 位置,单击"位置"左侧的"切换动画"按钮,记录当前位置关键帧。将时间线定位至 00：00：04：00 位置,设置"位置"为"–265.0, 288.0",即可自动添加当前位置关键帧,得到画轴的运动效果。关键帧如图 5-6 所示,00：00：04：00 时刻效果如图 5-7 所示,00：00：08：00 时刻效果如图 5-8 所示。

8. 在"图层 1/ 画卷 .psd"的开始位置添加"擦除"组中的"划出"视频过渡,设置"持续时间"为"00：00：04：05","开始"为"10.0",参数设置如图 5-9 所示,实现画卷打开与卷轴运动同步,00：00：06：00 时刻效果如图 5-10 所示。

视频:制作画卷
打开效果

● 提示:

　　若画卷的缩放比例不同,持续时间和开始值需要设置为不同值才可以实现同步。

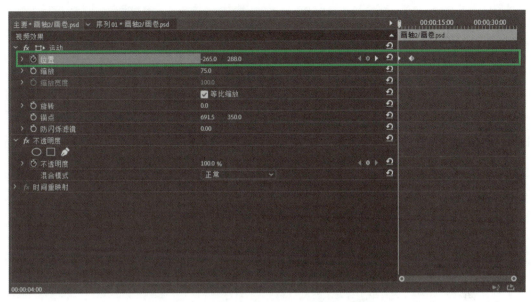

图 5-6 "画轴 2/ 画卷 .psd"的位置关键帧

图 5-7 "画轴 2/ 画卷 .psd"00：00：04：00 时刻效果

图 5-8　"画轴 2/ 画卷 .psd" 00：00：08：00 时刻效果

图 5-9　"划出" 参数设置

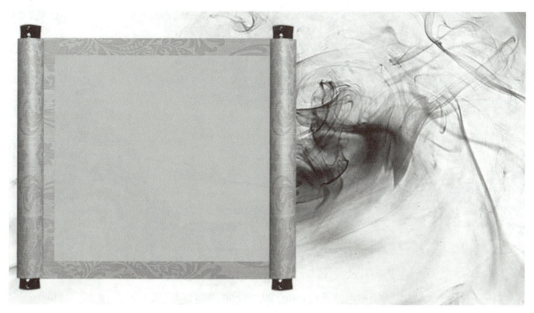

图 5-10　画卷 00：00：06：00 时刻效果

9. 新建序列，设置"名称"为"水墨画 01"，"序列预设"选择"DV-PAL"中的"宽屏 48 kHz"。

10. 将"水墨画 1.jpg"拖动到"水墨画 01"序列中视频轨道"V1"的 00：00：00：00 位置，设置"缩放"为"135.0"。将"飞鸟 .png"拖动到视频轨道"V2"的 00：00：00：00 位置，轨道内容如图 5-11 所示。

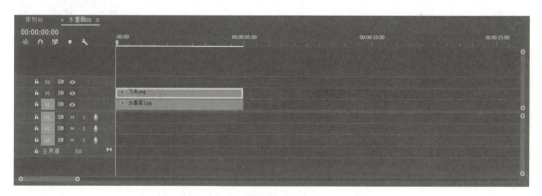

图 5-11　"水墨画 01"序列轨道内容

11. 选中"飞鸟 .png"，将时间线定位至 00：00：00：00 位置，单击"位置"左侧的"切换动画"按钮，记录位置关键帧，设置"位置"为"579.0，110.0"。将时间线定位至 00：00：04：24 位置，设置"位置"为"252.0，100.0"，即可为飞鸟添加位置动画。00：00：00：00 时刻效果如图 5-12 所示，00：00：04：15 时刻效果如图 5-13 所示。关闭"水墨画 01"序列。

图 5-12　"飞鸟 .png" 00：00：00：00 时刻效果

图 5-13　"飞鸟 .png" 00：00：04：15 时刻效果

12. 新建序列，设置"名称"为"水墨画 02"，"序列预设"选择"DV-PAL"中的"宽屏 48 kHz"。

13. 将"水墨画 2.jpg"拖动到"水墨画 02"序列中视频轨道"V1"的 00：00：00：00 位置，设置"缩放"为"132.0"。将"小船 .png"拖动到视频轨道"V2"的 00：00：00：00 位置，将"红日 .png"拖动到视频轨道"V3"的 00：00：00：00 位置，轨道内容如图 5-14 所示。

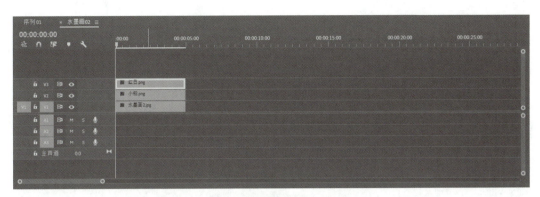

图 5-14 "水墨画 02"序列轨道内容

14. 选中"红日.png",将时间线定位至 00:00:00:00 位置,单击"位置"左侧的"切换动画"按钮,记录位置关键帧,设置"位置"为"265.0,166.0","不透明度"为"30.0%"。将 时 间 线 定 位 至 00:00:04:24 位置,设置"位置"为"270.0,96.0","不透明度"为"80.0%",即可为红日添加位置和不透明度动画,如图 5-15 所示。00:00:00:00 时刻效果如图 5-16 所示,00:00:04:15 时刻效果如图 5-17 所示。

● 提示:

不透明度的"切换动画"按钮默认是启用的,所以修改不透明度值时会自动添加关键帧。

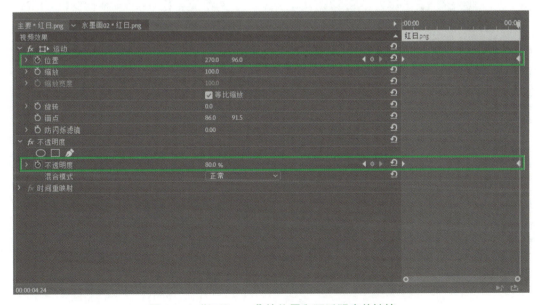

图 5-15 "红日.png"的位置和不透明度关键帧

图 5-16 "红日 .png" 00：00：00：00 时刻效果

图 5-17 "红日 .png" 00：00：04：15 时刻效果

15. 选中"小船.png",将时间线定位至 00:00:00:00 位置,单击"位置"左侧的"切换动画"按钮,记录位置关键帧,设置"位置"为"215.0,482.0"。将时间线定位至 00:00:04:24 位置,设置"位置"为"505.0,450.0",即可为小船添加位置动画。00:00:00:00 时刻效果如图 5-18 所示,00:00:03:10 时刻效果如图 5-19 所示。

图 5-18 "小船.png"00:00:00:00 时刻效果

图 5-19 "小船.png"00:00:03:10 时刻效果

16. 关闭"水墨画 02"序列,返回"序列 01"序列。

17. 将"水墨画 01"序列拖动到"序列 01"序列中视频轨道"V6"的 00:00:08:00 位置,取消勾选"等比缩放"复选框,设置"缩放高度"为"71.0","缩放宽度"为"82.0",效果如图 5-20 所示。

图 5-20　"水墨画 01"画卷效果

18. 将"水墨画 02"序列拖动到视频轨道"V6"的 00:00:13:00 位置,取消勾选"等比缩放"复选框,设置"缩放高度"为"71.0","缩放宽度"为"82.0",效果如图 5-21 所示。

图 5-21　"水墨画 02"画卷效果

19. 依次将"水墨画 3.jpg""水墨画 4.jpg""水墨画 5.jpg""水墨画 6.jpg"拖动到视频轨道"V6"上"水墨画 02"的右侧,适当调整"缩放高度"和"缩放宽度",使每幅画刚好占满画布中间的白色画纸区域。

20. 在"水墨画 01"开始位置添加"溶解"组中的"交叉溶解"视频过渡,设置"持续时间"为"00:00:01:00"。在其他水墨画之间添加适当的"溶解"视频过渡,设置"持续时间"均为"00:00:02:00","对齐"均为"中心切入",如图 5-22 所示。

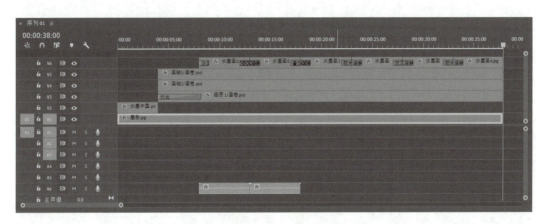

图 5-22 添加视频过渡

21. 删除所有音频轨道内容,将"背景音乐 .wav"拖动到音频轨道"A1"的 00:00:00:00 位置,截取 00:00:02:02—00:00:40:02 的音频片段,调整音频位置,使其与视频同时开始、同时结束。

22. 保存项目,导出视频。

5.1.1 认识关键帧

关键帧是指动画上的关键时刻,至少要有两个关键时刻才能构成动画。

关键帧动画是通过对素材的不同时刻设置不同的属性值,使该过程中产生动画的变换效果。动作、效果等均可以应用关键帧制作动画效果。

关键帧动画至少要通过两个关键帧来完成,关键帧记录特定时刻的属性值,而关键帧之间的时刻,系统采用特定的插值计算方法进行"插补"。例如,缩放关键帧动画中添加两个关键帧,设置 00:00:00:00 时刻"缩放"为"0.0",00:00:04:00 时刻"缩放"为"135.0",如图 5-23 所示,得到逐渐放大的动画效果,缩放动画效果对比如图 5-24 所示。

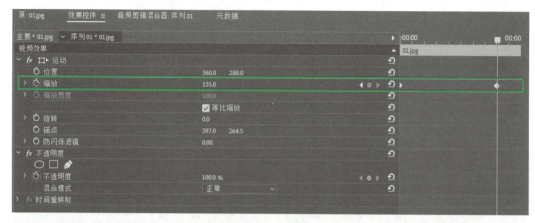

图 5-23　"缩放"关键帧参数设置

图 5-24　缩放动画效果对比

5.1.2　创建关键帧

在 Premiere 中,创建关键帧的方法主要有 3 种。

1. 单击"切换动画"按钮添加关键帧

在"效果控件"面板中,每个属性左侧都有"切换动画"按钮,单击该按钮即可启用关键帧,此时"切换动画"按钮变成蓝色,并开始记录关键帧,如图 5-25 所示。

"切换动画"按钮启用后,只要时间线所在位置没有关键帧,修改参数则自动添加关键帧。若再次单击该按钮,则会删除该属性的所有关键帧。

图 5-25 "切换动画"按钮

2. 使用"添加 / 移除关键帧"按钮添加关键帧

在"效果控件"面板中,若某一属性"切换动画"按钮是蓝色的(即启用的状态),此时在该属性后会显示"转到上一关键帧""添加 / 移除关键帧""转到下一关键帧"按钮,如图 5-26 所示。

图 5-26 关键帧操作按钮

若某一属性有多个关键帧,单击"转到上一关键帧"或"转到下一关键帧"按钮可以实现在关键帧之间进行跳转,以便快速定位到相应的关键帧位置。

若将时间线定位至无关键帧的位置,单击"添加 / 移除关键帧"按钮可以手动添加关键帧。若将时间线定位至有关键帧的位置,单击"添加 / 移除关键帧"按钮可以删除当前位置的关键帧。

3. 在"节目监视器"面板中添加关键帧

在"节目监视器"面板中双击素材,此时素材周围会出现控制点,如图 5-27 所示。

在"效果控件"面板中,若"缩放"左侧的"切换动画"按钮是蓝色的(即启用的状态),在控制点上按住鼠标左键拖动,如图 5-28 所示,可以实现素材的缩放,并自动添加缩放关键帧。

图 5-27 素材调整控制点

图 5-28 调整素材缩放

在"效果控件"面板中,若"旋转"左侧的"切换动画"按钮是蓝色的(即启用的状态),将鼠标放到控制点外侧,当鼠标出现弧形箭头时按住鼠标左键拖动,如图5-29所示,可以实现素材的旋转,并自动添加旋转关键帧。

图 5-29　调整素材旋转角度

在"效果控件"面板中,若"位置"左侧的"切换动画"按钮是蓝色的(即启用的状态),在控制框内按住鼠标左键拖动,如图5-30所示,可以改变素材的位置,并自动添加位置关键帧。

图 5-30　调整素材位置

5.2　实例"武术剪影"

学习目标及要求

熟练掌握复制关键帧的方法。

熟练掌握移动和删除关键帧的方法。

学习内容及操作步骤

运用关键帧动画制作"武术剪影",效果图如图 5-31 所示。

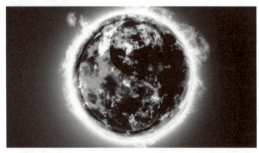

图 5-31　"武术剪影"效果图

1. 新建项目,设置"名称"为"武术剪影","位置"为"5.2 武术剪影"。

2. 新建序列,"序列预设"选择"DV-PAL"中的"宽屏 48 kHz"。

3. 将素材文件夹中的所有素材导入到"项目"面板中,因"竹 .psd"包含多个图层,在打开的"导入分层文件:竹"对话框中,"导入为"选择"各个图层",选择"竹子"和"竹叶",如图 5-32 所示,"竹 .psd"导入内容如图 5-33 所示。

4. 新建序列,设置"名称"为"片头","序列预设"选择"DV-PAL"中的"宽屏 48 kHz"。

5. 将"项目:武术剪影"面板中的"火球 .jpg"拖动到"时间轴"面板中视频轨道

"V1"的00：00：00：00位置，设置"缩放"为"103.0"，时长调整为9秒。将"太极.jpg"拖动到视频轨道"V2"的00：00：00：00位置，设置"缩放"为"88.0"，效果如图5-34所示。

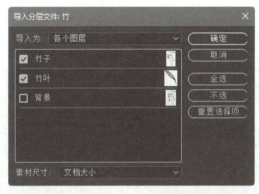

图5-32 "导入分层文件：竹"对话框

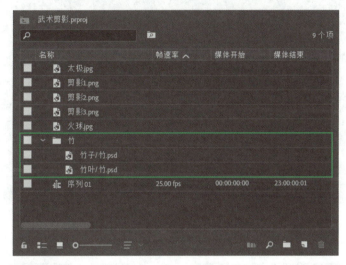

图5-33 "竹.psd"导入内容

图5-34 "太极.jpg"与"火球.jpg"效果

6. 选中"太极 .jpg",在"效果控件"面板中单击"不透明度"下方的"创建椭圆形蒙版"按钮,即会生成"蒙版(1)",如图 5-35 所示,效果如图 5-36 所示。

视频:为太极创建
椭圆形蒙版

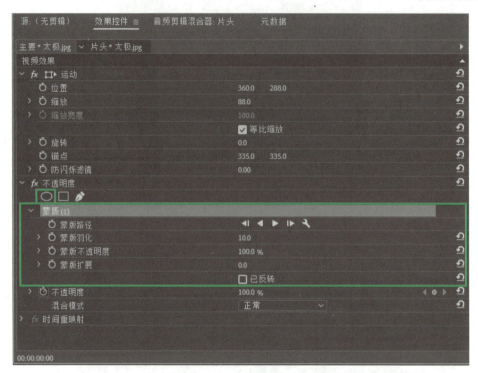

图 5-35　生成"蒙版(1)"

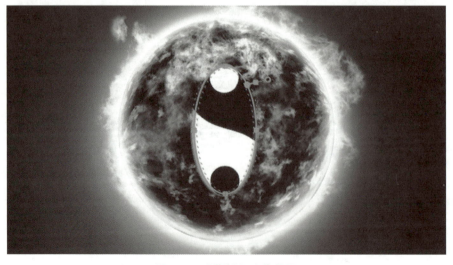

图 5-36　"蒙版(1)"效果

7. 在"节目监视器"面板中调整椭圆形蒙版的控制点,直到满意为止,效果如图5-37所示。

图5-37 调整蒙版后效果

8. 设置"不透明度"下的"混合模式"为"叠加",如图5-38所示,效果如图5-39所示。

9. 选中"太极.jpg",将时间线定位至00:00:00:00位置,在"效果控件"面板中设置"不透明度"为"0.0%";将时间线定位至00:00:01:00位置,设置"不透明度"为"80.0%";将时间线定位至00:00:04:00位置,设置"不透明度"为"0.0%",关键帧如图5-40所示。

10. 将时间线定位至00:00:03:00位置,在"效果控件"面板中选择00:00:01:00位置的关键帧,按住Alt键将其拖动至时间线位置,即会复制得到一个关键帧,此关键帧的参数值与00:00:01:00时刻的相同,如图5-41所示。

图5-38 "混合模式"参数设置

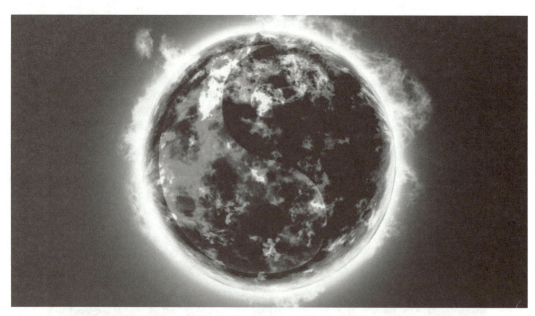

图 5-39　"叠加"混合模式效果

图 5-40　"太极 .jpg"的"不透明度"关键帧

图 5-41　复制关键帧

11. 将时间线定位至 00：00：00：00 位置，单击"旋转"左侧的"切换动画"按钮，记录旋转关键帧；将时间线定位至 00：00：04：00 位置，设置"旋转"为"360.0°"，即可实现太极的旋转效果。

> ● 提示:
>
> 旋转 360° 为 1 周,参数会自动变成"1x0.0°"。

12. 将"剪影 1.png"拖动到视频轨道"V3"的 00:00:03:00 位置,将"剪影 2.png"拖动到视频轨道"V3"的 00:00:05:00 位置,将"剪影 3.png"拖动到视频轨道"V3"的 00:00:07:00 位置,调整结束位置至 00:00:09:00 时刻,"片头"序列轨道内容如图 5-42 所示。

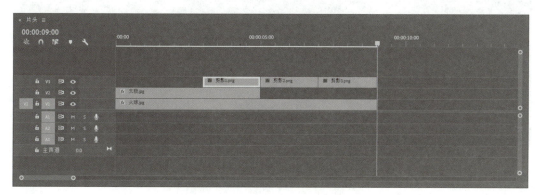

图 5-42 "片头"序列轨道内容

13. 选中"剪影 1.png",将时间线定位至 00:00:04:00 位置,在"效果控件"面板中单击"位置"左侧的"切换动画"按钮,记录位置关键帧;将时间线定位至 00:00:03:00 位置,在"节目监视器"面板中双击素材,并将其拖动至"节目监视器"面板的左侧(参考位置为"−133.7, 288.0")。此时,"节目监视器"面板中会出现一条运动轨迹,00:00:03:00 时刻效果如图 5-43 所示。

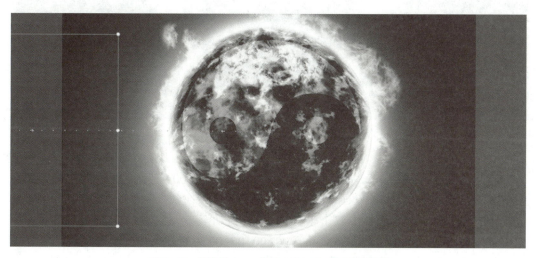

图 5-43 "剪影 1.png"00:00:03:00 时刻效果

14. 单击"转到下一关键帧"按钮,快速跳转到 00:00:04:00 关键帧,效果如图 5-44 所示。在"节目监视器"面板中微调"剪影 1.png"的位置(参考位置为"407.8,288.0"),效果如图 5-45 所示。

图 5-44 "剪影 1.png" 00:00:04:00 时刻效果

图 5-45 微调后"剪影 1.png" 00:00:04:00 时刻效果

15. 选中"剪影 2.png",将时间线定位至 00:00:06:00 位置,在"效果控件"面板中单击"位置"左侧的"切换动画"按钮,记录位置关键帧;将时间线定位至 00:00:05:00 位置,在"节目监视器"面板中双击素材,并将其拖动至"节目监视器"面板的右侧(参考位置为"826.3,288.0")。"剪影 2.png" 00:00:05:00 时刻效果如图 5-46 所示,"剪影 2.png" 00:00:06:00 时刻效果如图 5-47 所示。

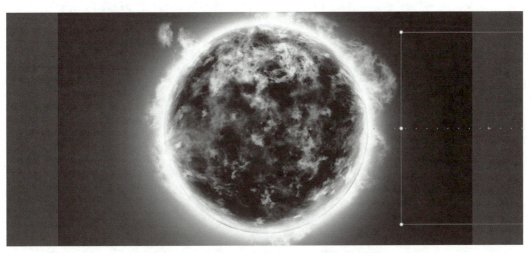

图 5-46 "剪影 2.png" 00∶00∶05∶00 时刻效果

图 5-47 "剪影 2.png" 00∶00∶06∶00 时刻效果

16. 选中"剪影 3.png",将时间线定位至 00∶00∶07∶00 位置,在"效果控件"面板中单击"缩放"左侧的"切换动画"按钮,记录缩放关键帧,设置"缩放"为"0.0";将时间线定位至 00∶00∶08∶00 位置,设置"缩放"为"100.0",即可得到"剪影 3.png"的缩放动画。

17. 关闭"片头"序列,切换到"序列 01"序列。

18. 将"项目∶武术剪影"面板中的"片头"序列拖动到"时间轴"面板中视频轨道"V1"的 00∶00∶00∶00 位置。

19. 新建序列,设置"名称"为"竹林","序列预设"选择"DV-PAL"中的"宽屏 48 kHz"。

20. 新建颜色遮罩,颜色为浅灰色(R∶220,G∶217,B∶217),如图 5-48 所示,名称保持默认。

图 5-48　"颜色遮罩"的颜色设置

21. 将"颜色遮罩"拖动到视频轨道"V1"的 00：00：00：00 位置，将"竹子 / 竹 .psd"拖动到视频轨道"V2"的 00：00：00：00 位置，时长均调整为 10 秒。

22. 选中"竹子 / 竹 .psd"，适当调整缩放。在"节目监视器"面板中双击竹子，此时竹子素材周围会出现控制点并且中间位置会显示锚点，将锚点拖动至竹子的根部附近，如图 5-49 所示。将竹子拖动到画面的左侧位置，如图 5-50 所示。调整后的参考位置为"102.9，560.4"，锚点为"248.8，492.7"。

视频：制作竹子
的旋转动画

图 5-49　调整锚点位置

图 5-50　调整竹子位置

23.　选中"竹子 / 竹 .psd",将时间线定位至 00 : 00 : 00 : 00 位置,单击"旋转"左侧的"切换动画"按钮,记录旋转关键帧,设置"旋转"为"5.0°";将时间线定位至 00 : 00 : 01 : 00 位置,设置"旋转"为"10.0°";将时间线定位至 00 : 00 : 02 : 00 位置,设置"旋转"为"5.0°";将时间线定位至 00 : 00 : 03 : 00 位置,设置"旋转"为"12.0°",关键帧如图 5-51 所示。

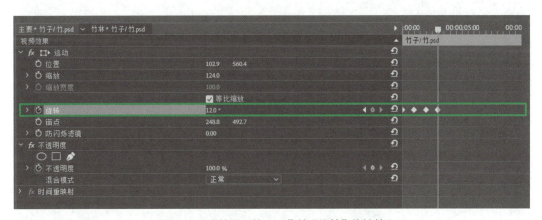

图 5-51　"竹子 / 竹 .psd"的"旋转"关键帧

24.　一次性选择前 4 个关键帧,按 Ctrl+C 组合键复制关键帧,将时间线定位至 00 : 00 : 04 : 00 位置,按 Ctrl+V 组合键粘贴关键帧,如图 5-52 所示。也可根据需要适当移动关键帧位置,如图 5-53 所示。

● 提示:

　关键帧间隔越远,动画速度越慢,关键帧间隔越近,动画速度越快。

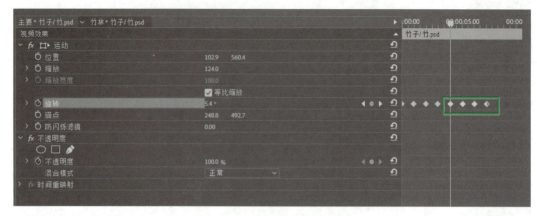

图 5-52 复制前 4 个关键帧

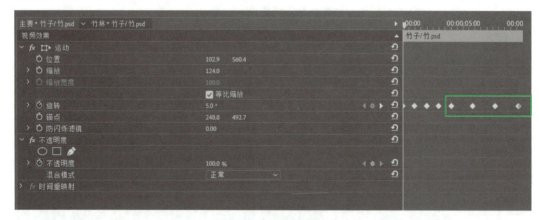

图 5-53 移动关键帧

25. 按住 Alt 键将视频轨道"V2"中的"竹子 / 竹 .psd"拖动复制到视频轨道"V3"的 00：00：00：00 位置，即可得到与视频轨道"V2"完全一样的竹子，如图 5-54 所示。适当放大其缩放比例，并调整其位置，竹子效果如图 5-55 所示。

图 5-54 复制"竹子 / 竹 .psd"

图 5-55　竹子效果

26. 适当移动关键帧位置,使两个轨道中的竹子晃动节奏不完全一致。竹子 00:00:01:15 时刻效果如图 5-56 所示,竹子 00:00:04:10 时刻效果如图 5-57 所示。

● 提示:

移动关键帧位置不同,此刻效果会有不同。

图 5-56　竹子 00:00:01:15 时刻效果

图 5-57　竹子 00 : 00 : 04 : 10 时刻效果

27. 关闭"竹林"序列,返回"序列 01"序列。

28. 将"竹林"序列拖动到"序列 01"序列中视频轨道"V1"的 00 : 00 : 09 : 00 位置。

29. 将"竹叶 / 竹 .psd"拖动到视频轨道"V3"的 00 : 00 : 09 : 00 位置。

30. 选中"竹叶 / 竹 .psd",在"节目监视器"面板中双击竹叶,将其移动到画面左上方,参考位置为"90.0,35.0"。将时间线定位至 00 : 00 : 09 : 00 位置,在"效果控件"面板中,分别单击"位置""缩放""旋转"左侧的"切换动画"按钮,记录当前的关键帧。

31. 将时间线定位至 00 : 00 : 10 : 00 位置,拖动竹叶的位置,调整竹叶的缩放和旋转,参考设置"位置"为"265.0,152.0","缩放"为"90.0","旋转"为"5.0°",效果如图 5-58 所示。

图 5-58　"竹叶 / 竹 .psd"00 : 00 : 10 : 00 时刻效果

32. 将时间线定位至 00：00：11：00 位置，拖动竹叶的位置，调整竹叶的缩放和旋转，参考设置"位置"为"335.5，271.0"，"缩放"为"93.0"，"旋转"为"29.1°"，效果如图 5-59 所示。

图 5-59 "竹叶 / 竹 .psd" 00：00：11：00 时刻效果

33. 将时间线定位至 00：00：12：00 位置，拖动竹叶的位置，调整竹叶的缩放和旋转，参考设置"位置"为"451.0，356.0"，"缩放"为"90.0"，"旋转"为"139.0°"，效果如图 5-60 所示。

图 5-60 "竹叶 / 竹 .psd" 00：00：12：00 时刻效果

34. 将时间线定位至 00：00：13：00 位置，拖动竹叶的位置，调整竹叶的缩放和旋转，参考设置"位置"为"391.2，451.8"，"缩放"为"95.0"，"旋转"为"165.5°"，效果如图 5-61 所示。

图 5-61 "竹叶 / 竹 .psd" 00：00：13：00 时刻效果

35. 将时间线定位至 00：00：13：24 位置，拖动竹叶的位置，调整竹叶的缩放和旋转，参考设置"位置"为"526.4，601.8"，"缩放"为"98.0"，"旋转"为"175°"，效果如图 5-62 所示。

图 5-62 "竹叶 / 竹 .psd" 00：00：13：24 时刻效果

36. 一片竹叶的整个飘落过程制作完成后，按住 Alt 键将视频轨道"V3"中的"竹叶 / 竹 .psd"拖动复制到视频轨道"V4"的 00：00：10：00 位置，调整每个关键帧的参数，以改变其飘落的运动路径，如图 5-63 所示。

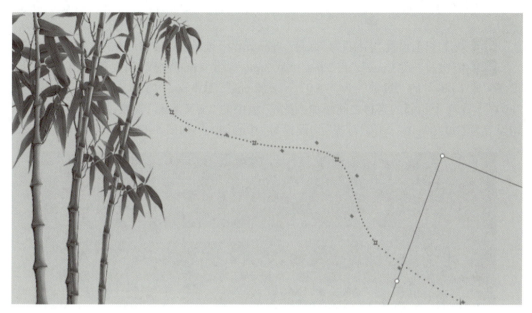

图 5-63　第 2 片竹叶飘落效果

37. 重复采用上述方法可复制得到多片竹叶，并调整不同的飘落的运动路径，得到多片竹叶纷纷飘落的效果，如图 5-64 所示。

图 5-64　多片竹叶飘落效果

38. 新建序列，设置"名称"为"练武"，"序列预设"选择"DV-PAL"中的"宽屏 48 kHz"。

39. 依次将"武 1.png""武 2.png""武 3.png""武 4.png"拖动到视频轨道"V1"上，设置"武 1.png"的"缩放"为"75.0"，"武 2.png""武 3.png""武 4.png"的"缩放"为"80.0"。在两个相邻的素材之间添加"溶解"组中的"交叉溶解"视频过渡，"持续时间"均设置为"00：00：03：00"，"对齐"均设置为"中心切入"，如图 5-65 所示。

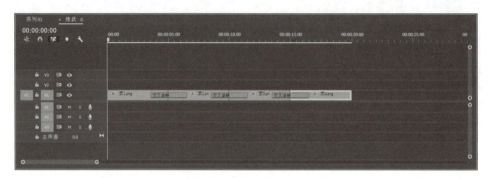

图 5-65　"练武"序列轨道内容

40. 关闭"练武"序列，返回"序列 01"序列。

41. 将"练武"序列拖动到"序列 01"序列中视频轨道"V2"的 00：00：09：00 位置，调整速度，持续时间为"00：00：10：00"，设置"缩放"为"80.0"，适当调整人物的位置，效果如图 5-66 所示。

图 5-66　练武效果

42. 删除所有音频轨道内容,将"背景音乐.wav"拖动到音频轨道"A1"的00:00: 00:00位置,截取00:01:01:00—00:01:20:00的音频片段,调整音频位置,使其与视频 同时开始、同时结束。

43. 保存项目,导出视频。

5.2.1 复制关键帧

在制作影片或动画时,经常会遇到复制关键帧动画的情况,复制关键帧的常用方法有3种。

1. 使用 Alt 键复制关键帧

在"效果控件"面板中,选择需要复制的一个或者多个关键帧,按住 Alt 键将其向左或 向右拖动,如图 5-67 所示,即可复制关键帧。

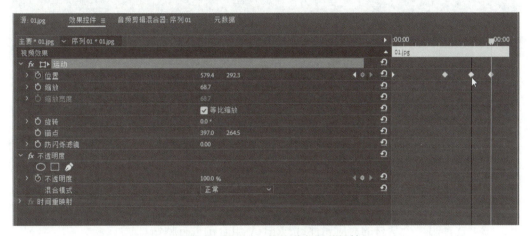

图 5-67　按住 Alt 键拖动复制关键帧

2. 使用快捷菜单命令复制关键帧

(1)选择需要复制的一个或者多个关键帧,右键单击,在弹出的快捷菜单中选择"复 制"命令,如图 5-68 所示。

图 5-68　"复制"关键帧

（2）将时间线定位至目标位置，右键单击，在弹出的快捷菜单中选择"粘贴"命令，如图 5-69 所示。

图 5-69 "粘贴"关键帧

3. 使用组合键复制关键帧

（1）选择需要复制的一个或者多个关键帧，按 Ctrl+C 组合键进行复制。

（2）将时间线定位至目标位置，按 Ctrl+V 组合键进行粘贴。

除了可以在同一个素材中复制关键帧以外，还可以将关键帧复制到其他素材上。

（1）单击素材的某一个属性名，选择该属性所有的关键帧。

（2）按 Ctrl+C 组合键进行复制。

（3）选择另一个素材的对应属性，按 Ctrl+V 组合键进行粘贴。

● 提示：

若将时长较短素材的关键帧复制到时长较长的素材上，关键帧可完全复制。反之，关键帧会丢失。

5.2.2 删除关键帧

在实际应用中，有时需要对多余的关键帧进行删除处理，删除关键帧的常用方法有 4 种。

1. 使用快捷键删除关键帧

选择需要删除的一个或多个关键帧，按 Delete 键即可完成删除操作。

2. 使用"添加 / 移除关键帧"按钮删除关键帧

将时间线移动到需要删除的关键帧上，单击已启用的"添加 / 移除关键帧"按钮，即可删除当前时刻的关键帧。

3. 使用快捷菜单命令删除关键帧

选择需要删除的一个或多个关键帧,右键单击,在弹出的快捷菜单中选择"清除"命令,如图5-70所示,即可删除关键帧。

图 5-70 "清除"关键帧

4. 使用"切换动画"按钮

在"切换动画"按钮启用的状态下,若再次单击该按钮,则会删除该属性的所有关键帧。

5.2.3 移动关键帧

移动关键帧所在的位置可以控制动画的节奏。关键帧间隔越远,动画速度越慢,关键帧间隔越近,动画速度越快。

1. 移动单个关键帧

在需要移动的关键帧上按住鼠标左键向左或向右拖动,到目标位置松开鼠标左键即可完成关键帧的移动。

2. 移动多个关键帧

(1)用框选的方式选择多个连续的关键帧,按住鼠标左键向左或向右拖动可完成移动操作。

(2)按住Shift键或Ctrl键可选择多个不连续的关键帧,按住鼠标左键向左或向右拖动可完成移动操作。

5.3　实践"舞台动态背景"

综合运用关键帧制作"舞台动态背景",效果图如图 5-71 所示。

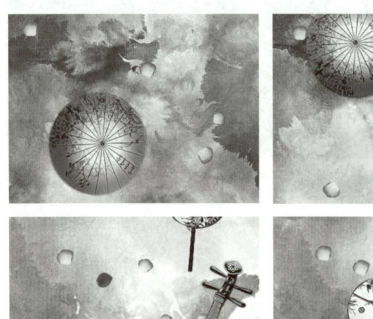

图 5-71　"舞台动态背景"效果图

1. 新建项目,设置"名称"为"舞台动态背景","位置"为"5.3 舞台动态背景"。
2. 新建序列,"序列预设"选择"DV-PAL"中的"标准 48 kHz"。
3. 将素材文件夹中的所有素材导入到"项目"面板中。

● 提示：

　　"花瓣 1.psd"和"花瓣 2.psd"均只导入"图层 1"。

4. 新建序列,设置"名称"为"花瓣雨","序列预设"选择"DV-PAL"中的"标准 48 kHz"。

5. 将"项目:舞台动态背景"面板中的"背景 1.jpg"拖动到"时间轴"面板中视频轨道"V1"的 00:00:00:00 位置,时长调整为 10 秒,适当调整缩放,使其占满整个屏幕。将"背景 2.jpg"拖动到视频轨道"V1"的 00:00:10:00 位置,时长调整为 10 秒,适当调整缩放,使其占满整个屏幕。

6. 将"图层 1/ 花瓣 1.psd"拖动到视频轨道"V2"的 00:00:00:00 位置,使用关键帧为其添加位置、缩放和旋转动画,关键帧个数及各时刻的参数可自主进行设计。

7. 按住 Alt 键将视频轨道"V2"上的"图层 1/ 花瓣 1.psd"拖动复制到视频轨道"V3"上,适当调整花瓣的关键帧参数,改变花瓣飘落的路径。

8. 反复多次采用上述方法复制花瓣,并自主设计花瓣的飘落路径,使画面更唯美。

● 提示:

每个花瓣的起始时刻可以不同。

9. 在"项目:舞台动态背景"面板中双击"图层 1/ 花瓣 2.psd",使其显示在"源监视器"面板中。

10. 按住 Shift 键选择不连续的多个轨道中的"图层 1/ 花瓣 1.psd",右键单击,在弹出的快捷菜单中选择"使用剪辑替换 – 从源监视器"命令,如图 5-72 所示,即可将轨道中的"图层 1/ 花瓣 1.psd"替换为"图层 1/ 花瓣 2.psd",并且基本属性及关键帧参数保持不变。

11. 关闭"花瓣雨"序列,返回"序列 01"序列。

12. 将"花瓣雨"序列拖动到"序列 01"序列中视频轨道"V1"的 00:00:00:00 位置。

13. 将"油纸伞 .jpg"拖动到视频轨道"V2"的 00:00:00:00 位置,时长调整为 10 秒。为其创建椭圆形蒙版,并调整蒙版达到满意为止。使用关键帧为其添加位置和旋转动画,关键帧个数及各时刻的参数可自主进行设计。

14. 将"琵琶 .png"拖动到视频轨道"V3"的 00:00:05:00 位置,时长调整为 10 秒,适当调整位置,使用关键帧为其添加不透明度动画。关键帧个数及各时刻的参数可自主进行设计。

15. 将"团扇 .png"拖动到视频轨道"V4"的 00:00:10:00 位置,时长调整为 10 秒,使用关键帧为其添加位置和旋转动画。关键帧个数及各时刻的参数可自主进行设计。

16. 删除所有的音频轨道内容,添加背景音乐,并截取适当的音频片段,音频与视频同时开始、同时结束。

17. 保存项目,导出视频。

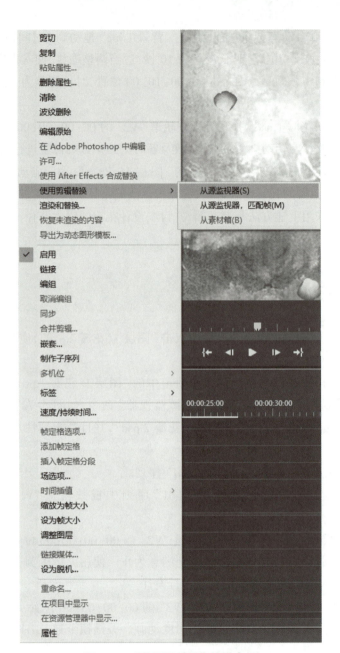

图 5-72 "从源监视器"替换素材

第6章
视频特效应用

本章目录

示例：第6章

实例效果

6.1　实例"中华五千年"

　学习目标及要求

熟练掌握"Alpha 发光"视频效果的应用。
掌握"波形变形"和"放大"视频效果的应用。
掌握"高斯模糊"和"钝化蒙版"视频效果的应用。
熟练掌握"镜头光晕"视频效果的应用。

　学习内容及操作步骤

运用"Alpha 发光""波形变形""放大""高斯模糊""钝化蒙版""镜头光晕"等视频效果制作"中华五千年",效果图如图 6-1 所示。

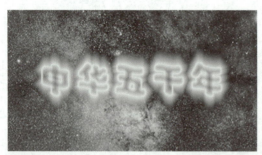

图 6-1　"中华五千年"效果图

1. 新建项目,设置"名称"为"中华五千年","位置"为"6.1 中华五千年"。
2. 新建序列,"序列预设"选择"DV-PAL"中的"宽屏 48 kHz"。
3. 将素材文件夹中的所有素材导入到"项目"面板中。

> **● 提示：**
>
> "天坛 .psd"只导入"图层 1"。

4. 将"项目：中华五千年"面板中的"星空 .jpg"拖动到"时间轴"面板中视频轨道"V1"的 00：00：00：00 位置，时长调整为 25 秒。使用关键帧为其添加缩放动画，设置 00：00：00：00 时刻"缩放"为"133.0"，00：00：04：24 时刻"缩放"为"160.0"。

5. 在"效果"面板中展开"视频效果"，选择"模糊与锐化"组中的"高斯模糊"视频效果，将其拖动到视频轨道"V1"中的"星空 .jpg"上，即可得到模糊效果，设置"模糊度"为"2.5"，参数设置如图 6-2 所示。

> **● 提示：**
>
> 模糊度值越大，模糊程度越大。

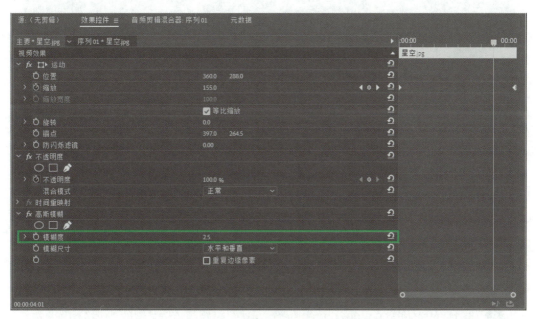

图 6-2 "高斯模糊"参数设置

6. 新建字幕，设置"名称"为"片头"，内容为"中华五千年"，"字体系列"为"华文彩云"，"字体大小"为"120.0"，"字符间距"为"15.0"，填充"颜色"为白色，垂直居中，水平居中。

7. 将"片头"拖动到视频轨道"V2"的 00：00：00：00 位置，在"效果"面板中选择"风格化"组中的"Alpha 发光"视频效果，将其拖动到"片头"上，设置"发光"为"35"，参数设置如图 6-3 所示，效果如图 6-4 所示。

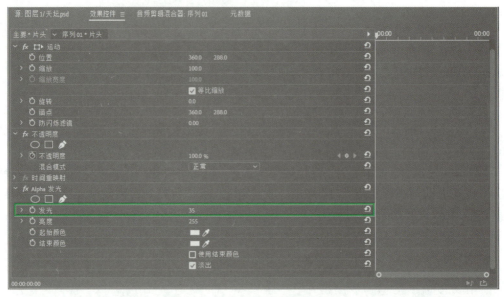

图 6-3　"Alpha 发光"参数设置

图 6-4　"Alpha 发光"效果

8. 将时间线定位至 00:00:00:00 位置,单击"起始颜色"左侧的"切换动画"按钮,设置颜色为红色(R:255,G:0,B:0);将时间线定位至 00:00:01:00 位置,设置颜色为绿色(R:0,G:255,B:0);将时间线定位至 00:00:02:00 位置,设置颜色为浅蓝色(R:0,G:255,B:255);将时间线定位至 00:00:03:00 位置,设置颜色为黄色(R:255,G:255,B:0);将时间线定位至 00:00:04:00 位置,设置颜色为橙色(R:255,G:100,B:0);将时间线定位至 00:00:04:24 位置,设置颜色为粉色(R:255,G:0,B:200),关键帧如图 6-5 所示,即可得到发光颜色不断变化的文字效果。"片头"字幕 00:00:01:00 时刻效果如图 6-6 所示,"片头"字幕 00:00:04:00 时刻效果如图 6-7 所示。

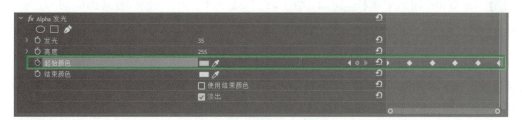

图 6-5 "起始颜色"关键帧

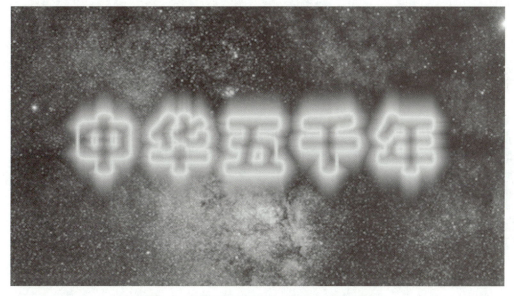

图 6-6 "片头"字幕 00：00：01：00 时刻效果

图 6-7 "片头"字幕 00：00：04：00 时刻效果

图片："中华
五千年"
"片头"
字幕效果

143

9. 在"效果"面板中选择"扭曲"组中的"波形变形"视频效果,将其拖动到"片头"上,设置"波形类型"为"正弦","波形宽度"为"80"。

10. 将时间线定位至 00∶00∶00∶00 位置,单击"波形高度"左侧的"切换动画"按钮,记录当前的波形高度;将时间线定位至 00∶00∶04∶00 位置,设置"波形高度"为"0",参数设置如图 6-8 所示,"片头"字幕 00∶00∶01∶05 时刻效果如图 6-9 所示,"片头"字幕 00∶00∶04∶10 时刻效果如图 6-10 所示。

11. 新建序列,设置"名称"为"天坛天空","序列预设"选择"DV-PAL"中的"宽屏 48 kHz"。

12. 将"云 .jpg"拖动到视频轨道"V1"的 00∶00∶00∶00 位置,设置"缩放"为"133.0","位置"为"360.0,345.0",时长调整为 20 秒。将"图层 1/ 天坛 .psd"拖动到视频轨道"V2"的 00∶00∶00∶00 位置,设置"缩放"为"133.0",时长调整为 20 秒,效果如图 6-11 所示。

图 6-8　"波形变形"参数设置

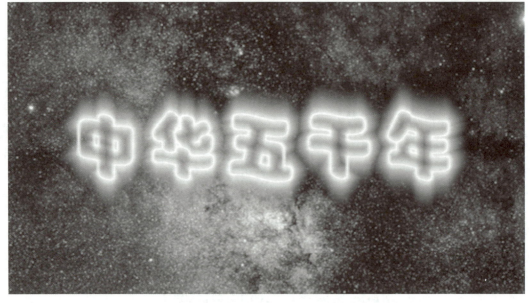

图 6-9　"片头"字幕 00∶00∶01∶05 时刻效果

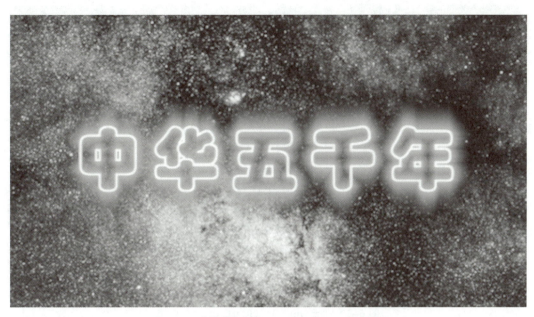

图 6-10 "片头"字幕 00：00：04：10 时刻效果

图 6-11 天坛的天空效果

13. 在"效果"面板中选择"沉浸式视频"组中的"VR 发光"视频效果，将其拖动到"云 .jpg"上。

14. 使用关键帧为"云 .jpg"添加缩放动画，设置 00：00：00：00 时刻"缩放"为"133.0"，00：00：03：00 时刻"缩放"为"180.0"。"云 .jpg"00：00：01：00 时刻效果如图 6-12 所示，"云 .jpg"00：00：03：00 时刻效果如图 6-13 所示。关闭"天坛天空"序列。

图 6-12　"云 .jpg" 00:00:01:00 时刻效果

图 6-13　"云 .jpg" 00:00:03:00 时刻效果

15. 新建序列,设置"名称"为"天坛 01","序列预设"选择"DV-PAL"中的"宽屏48 kHz"。

16. 将"相片 .jpg"拖动到视频轨道"V1"的 00:00:00:00 位置,时长调整为 20 秒。将"天坛天空"序列拖动到视频轨道"V2"的 00:00:00:00 位置,取消勾选"等比缩放"复选框,设置"缩放高度"为"78.0","缩放宽度"为"72.0",效果如图 6-14 所示。关闭"天坛 01"序列。

图 6-14 "天坛 01"序列效果

17. 新建序列,设置"名称"为"宫院 01","序列预设"选择"DV-PAL"中的"宽屏 48 kHz"。

18. 将"相片 .jpg"拖动到视频轨道"V1"的 00:00:00:00 位置,时长调整为 15 秒。将"宫院 .jpg"拖动到视频轨道"V2"的 00:00:00:00 位置,取消勾选"等比缩放"复选框,设置"缩放高度"为"86.0","缩放宽度"为"96.0",时长调整为 15 秒,效果如图 6-15 所示。

视频:制作宫院放大效果

图 6-15 "宫院 01"序列效果

19. 在"效果"面板中选择"扭曲"组中的"放大"视频效果,将其拖动到"宫院 .jpg"上,"形状"选择"正方形",设置"大小"为"272.0"。

20. 将时间线定位至 00：00：00：00 位置,单击"放大率"左侧的"切换动画"按钮,设置"放大率"为"100.0";将时间线定位至 00：00：03：00 位置,设置"放大率"为"150.0",参数设置如图 6-16 所示。"宫院 .jpg"00：00：01：00 时刻效果如图 6-17 所示,"宫院 .jpg"00：00：03：00 时刻效果如图 6-18 所示。

21. 在"效果"面板中选择"沉浸式视频"组中的"VR 锐化"视频效果,将其拖动到"宫院 .jpg"上,设置"锐化量"为"20",效果如图 6-19 所示。关闭"宫院 01"序列。

22. 新建序列,设置"名称"为"长城 01","序列预设"选择"DV-PAL"中的"宽屏48 kHz"。

图 6-16　"放大"参数设置

图 6-17　"宫院 .jpg"00：00：01：00 时刻效果

图 6-18　"宫院 .jpg" 00：00：03：00 时刻效果

图 6-19　"VR 锐化"效果

23. 将"相片 .jpg"拖动到的视频轨道"V1"的 00：00：00：00 位置,时长调整为 10 秒。将"长城 .jpg"拖动到视频轨道"V2"的 00：00：00：00 位置,取消勾选"等比缩放"复选框,设置"缩放高度"为"86.0","缩放宽度"为"95.0",时长调整为 10 秒,效果如图 6-20 所示。

24. 在"效果"面板中选择"模糊和锐化"组中的"钝化蒙版"视频效果,将其拖动到"长城 .jpg"上,设置"数量"为"100.0","半径"为"200.0",参数设置如图 6-21 所示,效果如图 6-22 所示。

图 6-20　"长城 01"序列效果

图 6-21　"钝化蒙版"参数设置

图 6-22　"钝化蒙版"效果

25. 在"效果"面板中选择"生成"组中的"镜头光晕"视频效果,将其拖动到"长城.jpg"上。将时间线定位至00:00:00:00位置,单击"光晕中心"左侧的"切换动画"按钮,设置"光晕中心"为"55.0,450.0"。将时间线定位至00:00:03:00位置,设置"光晕中心"为"675.0,105.0",参数设置如图6-23所示。"镜头光晕"00:00:02:10时刻效果如图6-24所示。

图6-23 "镜头光晕"参数设置

图6-24 "镜头光晕"00:00:02:10时刻效果

26. 关闭"长城01"序列,返回"序列01"序列。

27. 将"天坛01"序列拖动到"序列01"序列中视频轨道"V2"的00:00:05:00位置。将时间线定位至00:00:08:00位置,单击"位置""缩放"和"旋转"的"切换动画"按钮,记录当前时刻的位置、缩放和旋转关键帧。将时间线定位至00:00:11:00位置,设置"位置"为"493.0,276.5","缩放"为"65.0","旋转"为"25.0°",参数设置如图6-25所示。"天坛01"00:00:09:00时刻效果如图6-26所示,"天坛01"00:00:11:00时刻效果如图6-27所示。

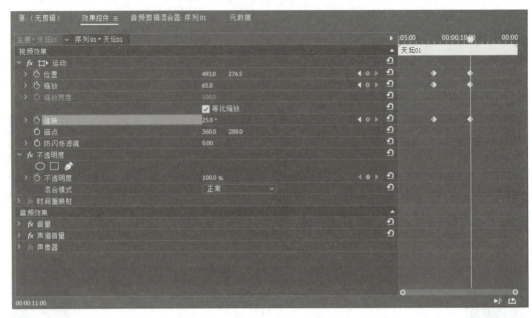

图 6-25　"天坛 01"序列关键帧参数设置

图 6-26　"天坛 01" 00：00：09：00 时刻效果

图 6-27 "天坛 01"00：00：11：00 时刻效果

28. 将"宫院 01"序列拖动到视频轨道"V3"的 00：00：11：00 位置。将时间线定位至 00：00：14：00 位置，单击"位置""缩放"和"旋转"的"切换动画"按钮，记录当前时刻的位置、缩放和旋转关键帧。将时间线定位至 00：00：17：00 位置，设置"位置"为"210.5，253.0"，"缩放"为"67.0"，"旋转"为"−16.0°"，参数设置如图 6-28 所示。"宫院 01"00：00：15：00 时刻效果如图 6-29 所示，"宫院 01"00：00：17：00 时刻效果如图 6-30 所示。

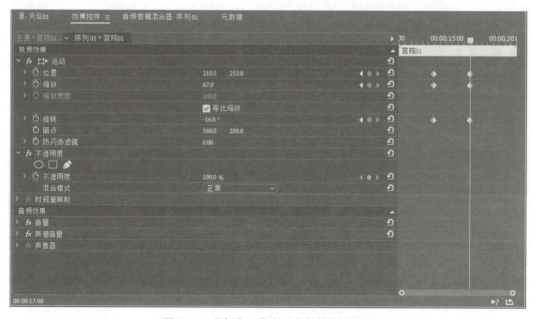

图 6-28 "宫院 01"序列关键帧参数设置

图 6-29 "宫院 01" 00：00：15：00 时刻效果

图 6-30 "宫院 01" 00：00：17：00 时刻效果

29. 将"长城 01"序列拖动到视频轨道"V4"的 00：00：17：00 位置。将时间线定位
至 00：00：20：00 位置，单击"位置"和"缩放"的"切换动画"按钮，记录当前时刻的位置
和缩放关键帧。将时间线定位至 00：00：23：00 位置，设置"位置"为"331.5，385.0"，"缩
放"为"65.0"，参数设置如图 6-31 所示。"长城 01" 00：00：20：00 时刻效果如图 6-32 所
示，"长城 01" 00：00：23：00 时刻效果如图 6-33 所示。

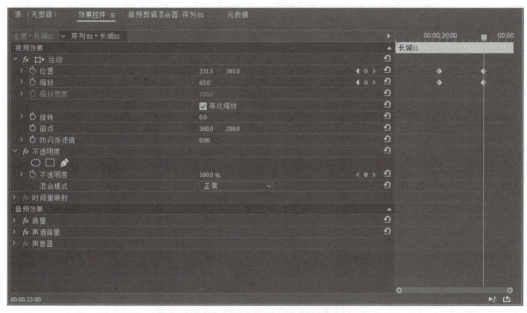

图 6-31 "长城 01"序列关键帧参数设置

图 6-32 "长城 01" 00: 00: 20: 00 时刻效果

30. 新建字幕,设置"名称"为"片尾",输入垂直文字,左侧内容为"传承传统文化",右侧内容为"弘扬民族精神",设置字幕旧版标题样式为"Arial Black yellow orange gradient","字体系列"为"华文隶书","字体大小"为"80.0",垂直居中,水平居中。

155

图 6-33　"长城 01" 00：00：23：00 时刻效果

31. 将"片尾"拖动到视频轨道"V5"的 00：00：23：00 位置，在其开始位置添加"擦除"组中的"划出"视频过渡，设置"持续时间"为"00：00：01：00"，方向选择"自北向南"，参数设置如图 6-34 所示。"片尾"字幕 00：00：23：15 时刻效果如图 6-35 所示，"片尾"字幕 00：00：24：00 时刻效果如图 6-36 所示。

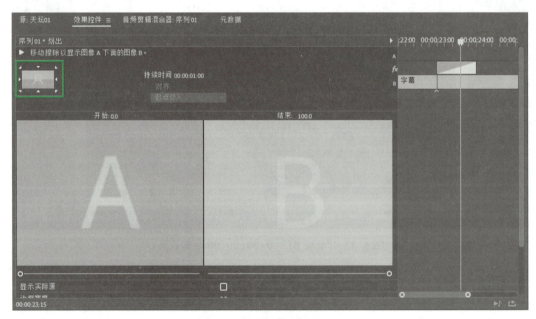

图 6-34　"划出"参数设置

图 6-35 "片尾"字幕 00:00:23:15 时刻效果

图 6-36 "片尾"字幕 00:00:24:00 时刻效果

32. 所有轨道内容均调整结束位置至 00:00:25:00 时刻。

33. 删除所有音频轨道内容,将"背景音乐.wav"拖动到音频轨道"A1"的 00:00:00:00 位置,截取 00:00:41:00—00:01:06:00 的音频片段,调整音频位置,使其与视频同时开始、同时结束。

34. 保存项目,导出视频。

6.1.1　认识视频效果

利用 Premiere 软件中的视频效果可以制作出很多绚丽效果，烘托画面气氛，从而呈现出更加震撼的视频效果。

视频效果包含很多效果组分类，每个效果组又包含很多视频效果。效果组介绍如下：

1. 变换：可以使素材产生变换效果，包括"垂直翻转""水平翻转""羽化边缘""裁剪"4 种视频效果。

2. 图像控制：可以平衡画面中强弱、浓淡、轻重的色彩关系，包括"灰度系数校正""颜色平衡（RGB）""颜色替换""颜色过滤""黑白"5 种视频效果。

3. 实用程序：包括"Cineon 转换器"1 种视频效果。

4. 扭曲：可以使素材产生变形效果，包括"偏移""变形稳定器""变换""放大""旋转扭曲""果冻效应修复""波形变形""湍流置换""球面化""边角定位""镜像""镜头扭曲"12 种视频效果。

5. 时间：包括"残影"和"色调分离时间"2 种视频效果。

6. 杂色与颗粒：可以为画面添加杂色，制作复古的质感，包括"中间值""杂色""杂色 Alpha""杂色 HLS""杂色 HLS 自动""蒙尘与划痕"6 种视频效果。

7. 模糊与锐化：可以使素材变得更模糊或更锐化，包括"减少交错闪烁""复合模糊""方向模糊""相机模糊""通道模糊""钝化蒙版""锐化""高斯模糊"8 种视频效果。

8. 沉浸式视频：包括"VR 分形杂色""VR 发光""VR 平面到球面""VR 投影""VR 数字故障""VR 旋转球面""VR 模糊""VR 色差""VR 锐化""VR 降噪""VR 颜色渐变"11 种视频效果。

9. 生成：包括"书写""单元格图案""吸管填充""四色渐变""圆形""棋盘""椭圆""油漆桶""渐变""网格""镜头光晕""闪电"12 种视频效果。

10. 视频：包括"SDR 遵从情况""剪辑名称""时间码""简单文本"4 种视频效果。

11. 调整：包括"ProcAmp""光照效果""卷积内核""提取""色阶"5 种视频效果。

12. 过时：包括"RGB 曲线""RGB 颜色校正器""三向颜色校正器""亮度曲线""亮度校正器""快速模糊""快速颜色校正器""自动对比度""自动色阶""自动颜色""视频限幅器（旧版）""阴影 / 高光"12 种视频效果。

13. 过渡：包括"块溶解""径向擦除""渐变擦除""百叶窗""线性擦除"5 种视频效果。

14. 透视：包括"基本 3D""径向阴影""投影""斜面 Alpha""边缘斜面"5 种视频效果。

15. 通道：包括"反转""复合运算""混合""算术""纯色合成""计算""设置遮罩"7 种视频效果。

16. 键控：对素材进行抠像，包括"Alpha 调整""亮度键""图像遮罩键""差值遮罩""移除遮罩""超级键""轨道遮罩键""非红色键""颜色键"9 种视频效果。

17. 颜色校正：对颜色进行细致的校正，包括"ASC CDL""Lumetri 颜色""亮度与对比度""保留颜色""均衡""更改为颜色""更改颜色""色调""视频限制器""通道混合器""颜色平衡""颜色平衡（HLS）"12 种视频效果。

18. 风格化：包括"Alpha 发光""复制""彩色浮雕""曝光过度""查找边缘""浮雕"
"画笔描边""粗糙边缘""纹理""色调分离""闪光灯""阈值""马赛克"13 种视频效果。

6.1.2　高斯模糊

"高斯模糊"可以使图像既模糊又平滑,降低素材的层次细节。"高斯模糊"参数如
图 6-37 所示。

图 6-37　"高斯模糊"参数

1. 模糊度：控制高斯模糊效果的强度。
2. 模糊尺寸：设置模糊的方向,包括"水平和垂直""水平""垂直"3 个选项。
3. 重复边缘像素：勾选该复选框后,对素材边缘进行像素模糊处理。

使用"高斯模糊"前后效果对比如图 6-38 所示。

图 6-38　使用"高斯模糊"前后效果对比

6.1.3　Alpha 发光

"Alpha 发光"可以为素材添加发光效果。"Alpha 发光"参数如图 6-39 所示。

1. 发光：设置发光区域的大小。
2. 亮度：设置发光的强弱。

图 6-39 "Alpha 发光"参数

3. 起始颜色：设置发光的起始颜色。

4. 结束颜色：设置发光的结束颜色。

5. 使用结束颜色：勾选该复选框后，"结束颜色"起作用，否则"结束颜色"不起作用。

6. 淡出：勾选该复选框后，发光会产生平滑的过渡效果。

使用"Alpha 发光"前后效果对比如图 6-40 所示。

图 6-40 使用"Alpha 发光"前后效果对比

6.1.4 波形变形

"波形变形"可以使素材产生类似水波的波浪形状。"波形变形"参数如图 6-41 所示。

图 6-41 "波形变形"参数

1. 波形类型：设置产生的波形类型，波形类型决定波形的形状，包括"正弦""正方形""三角形""锯齿""圆形""半圆形""逆向圆形""杂色""平滑杂色"9个选项。

2. 波形高度：设置波形的高度。

3. 波形宽度：设置波形的宽度。

4. 方向：设置波形的方向。

5. 波形速度：设置波形速度，值越大，波形越快。

使用"波形变形"前后效果对比如图6-42所示。

图 6-42 使用"波形变形"前后效果对比

6.1.5 放大

"放大"可使素材产生放大的效果。"放大"参数如图6-43所示。

图 6-43 "放大"参数

1. 形状：设置放大区域的形状，包括"圆形"和"正方形"2个选项。

2. 中央：设置放大区域的中心位置。

3. 放大率：设置放大比例。

4. 大小：设置放大区域的缩放比例。

5. 链接：设置参数之间的关系，包括"无""大小至放大率""大小和羽化至放大率"3 个选项。

6. 羽化：设置放大区域的边缘羽化程度。

7. 缩放：缩放内容的不同效果，包括"标准""柔和""扩散"3 个选项。

8. 混合模式：设置缩放内容与原内容的混合模式。

9. 调整图层大小：只有"链接"是"无"时，才能勾选该复选框。

使用"放大"前后效果对比如图 6-44 所示。

图 6-44　使用"放大"前后效果对比

6.1.6　钝化蒙版

"钝化蒙版"可在锐化画面的同时调整画面的曝光和对比度。"钝化蒙版"参数如图 6-45 所示。

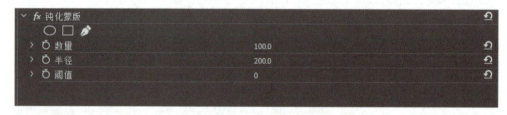

图 6-45　"钝化蒙版"参数

1. 数量：设置画面的锐化程度，数值越大，锐化效果越明显。

2. 半径：设置画面的曝光半径。

3. 阈值：设置画面中模糊度的容差值。

使用"钝化蒙版"前后效果对比如图 6-46 所示。

图 6-46 使用"钝化蒙版"前后效果对比

6.1.7 镜头光晕

"镜头光晕"可以模拟在自然光下拍摄时遇到的强光,从而使画面产生光晕效果。"镜头光晕"参数如图 6-47 所示。

fx □▸ 镜头光晕			↺
○ □ ✎			
Ö 光晕中心	666.0	126.0	↺
› Ö 光晕亮度	100 %		↺
Ö 镜头类型	50-300 毫米变焦 ▾		↺
› Ö 与原始图像混合	0 %		↺

图 6-47 "镜头光晕"参数

1. 光晕中心:设置光晕中心所在的位置。

2. 光晕亮度:设置镜头光晕的范围及明暗程度。

3. 镜头类型:设置透镜焦距,包括"50-300 毫米变焦""35 毫米定焦""105 毫米定焦"3 个选项。

4. 与原始图像混合:设置镜头光晕效果与原素材的混合程度。

使用"镜头光晕"前后效果对比如图 6-48 所示。

6.1.8 VR 发光

"VR 发光"用于 VR 沉浸式光效的应用。"VR 发光"参数如图 6-49 所示。

1. 亮度阈值:设置亮度临界值。

2. 发光半径:设置发光的半径。

3. 发光亮度:设置发光的亮度。

图 6-48　使用"镜头光晕"前后效果对比

图 6-49　"VR 发光"参数

4. 发光饱和度：设置发光的饱和度。

5. 使用色调颜色：勾选该复选框后，则使用色调所选的颜色产生发光效果。

6. 色调颜色：设置色调颜色。

使用"VR 发光"前后效果对比如图 6-50 所示。

图片：使用"VR
发光"前后
效果对比

图 6-50　使用"VR 发光"前后效果对比

6.2 实例"科技世界"

学习目标及要求

掌握"光照效果"视频效果的应用。

熟练掌握"球面化"和"边角定位"视频效果的应用。

熟练掌握"镜像"视频效果的应用。

学习内容及操作步骤

运用"光照效果""球面化""边角定位""镜像"视频效果制作"科技世界",效果图如图 6-51 所示。

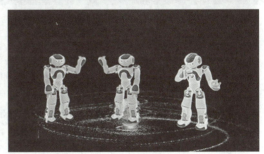

图 6-51 "科技世界"效果图

1. 新建项目,设置"名称"为"科技世界","位置"为"6.2 科技世界"。

2. 新建序列,"序列预设"选择"DV-PAL"中的"宽屏 48 kHz"。

3. 将素材文件夹中的所有素材("序列"文件夹除外)导入到"项目"面板中。

4. 执行"文件 – 导入"命令,在打开的"导入"对话框中选择"序列"文件夹,单击"打开"按钮,选择"0.png",勾选"图像序列"复选框,单击"打开"按钮,导入序列图像。

5. 新建序列,设置"名称"为"片头","序列预设"选择"DV-PAL"中的"宽屏 48 kHz"。

6. 将"项目:科技世界"面板中"背景 1.jpg"拖动到"时间轴"面板中视频轨道"V1"的 00:00:00:00 位置,时长调整为 7 秒。

7. 使用关键帧为其添加缩放动画,设置 00:00:00:00 时刻"缩放"为"133.0",00:00:06:24 时刻"缩放"为"170.0"。

8. 在"效果"面板中选择"调整"组中的"光照效果"视频效果,将其拖动到"背景 1.jpg"上,展开"光照 1","光照类型"选择"全光源",设置"主要半径"为"40.0"。

9. 将时间线定位至 00:00:00:00 位置,单击"强度"左侧的"切换动画"按钮。将时间线定位至 00:00:06:24 位置,设置"强度"为"50.0",参数设置如图 6-52 所示。

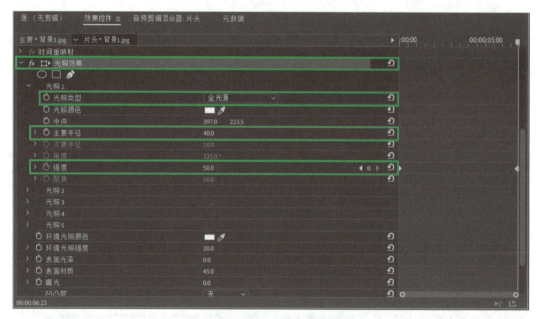

图 6-52　"光照效果"参数设置

10. 将"三角 .png"拖动到视频轨道"V2"的 00:00:00:00 位置,使用关键帧为其添加缩放动画,设置 00:00:00:00 时刻"缩放"为"0.0",00:00:03:00 时刻"缩放"为"650.0"。

11. 按住 Alt 键将视频轨道"V2"中的"三角 .png"拖动复制到视频轨道"V3"的 00:00:01:00 位置。

12. 采用上述方法,分别将"三角 .png"复制到视频轨道"V4"的 00:00:02:00 位置和视频轨道"V5"的 00:00:03:00 位置。

13. 各轨道内容均调整结束位置至 00:00:07:00 时刻,"片头"序列轨道内容如图 6-53 所示。

14. 新建字幕,设置"名称"为"标题",内容为"科技世界",旧版标题样式为"Arial Bold Italic blue depth","字体大小"为"120.0","字符间距"为"20.0",垂直居中,水平居中。

图 6-53 "片头"序列轨道内容

15. 将"标题"拖动到视频轨道"V6"的 00：00：00：00 位置，调整结束位置至 00：00：07：00 时刻。

16. 在"效果"面板中选择"扭曲"组中的"球面化"视频效果，将其拖动到"标题"上，设置"半径"为"100.0"。将时间线定位至 00：00：05：00 位置，设置"球面中心"为"96.0, 268.0"，单击"球面中心"左侧的"切换动画"按钮，记录当前球面中心位置关键帧。将时间线定位至 00：00：06：24 位置，设置"球面中心"为"616.0, 268.0"，"球面化"参数设置如图 6-54 所示。"标题"字幕 00：00：05：10 时刻效果如图 6-55 所示，"标题"字幕 00：00：06：05 时刻效果如图 6-56 所示。

图 6-54 "球面化"参数设置

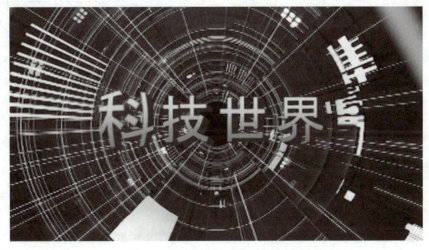

图 6-55 "标题"字幕 00：00：05：10 时刻效果

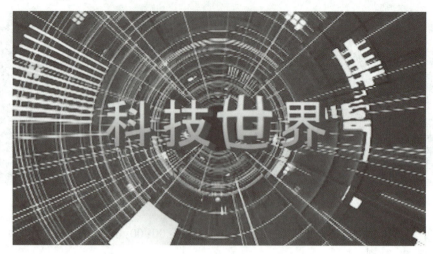

图 6-56　"标题"字幕 00：00：06：05 时刻效果

17. 关闭"片头"序列，返回"序列 01"序列。

18. 将"片头"序列拖动到"序列 01"序列中视频轨道"V1"的 00：00：00：00 位置。

19. 新建序列，设置"名称"为"科技盒子"，"序列预设"选择"DV-PAL"中的"宽屏 48 kHz"。

20. 将"盒子 .jpg"拖动到视频轨道"V1"的 00：00：00：00 位置，将"图 1.jpg"拖动到视频轨道"V2"的 00：00：00：00 位置，设置"缩放"为"50.0"。

21. 在"效果"面板中选择"扭曲"组中的"边角定位"视频效果，将其拖动到"图 1.jpg"上。在"效果控件"面板中单击"边角定位"效果名称，在"节目监视器"面板中素材的 4 个角点位置出现 4 个控制点，此时可以拖动控制点对边角进行定位，分别将 4 个控制点拖动到盒子前面的 4 个角点上，使图片贴到盒子的前面，如图 6-57 所示。

图 6-57　"图 1.jpg"的"边角定位"效果

22. 将"图2.jpg"拖动到视频轨道"V3"的00：00：00：00位置,设置"缩放"为"50.0",为其应用"扭曲"组中的"边角定位"视频效果。在"效果控件"面板中单击"边角定位"效果名称,分别将4个控制点拖动到盒子上面的4个角点上,使图片贴到盒子上面,如图6-58所示。

图6-58　"图2.jpg"的"边角定位"效果

23. 将"图3.jpg"拖动到视频轨道"V4"的00：00：00：00位置,设置"缩放"为"50.0",为其应用"扭曲"组中的"边角定位"视频效果。在"效果控件"面板中单击"边角定位"效果名称,分别将4个控制点拖动到盒子侧面的4个角点上,将图片贴到盒子侧面,如图6-59所示。

图6-59　"图3.jpg"的"边角定位"效果

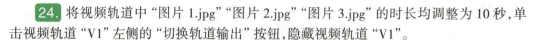

24. 将视频轨道中"图片 1.jpg""图片 2.jpg""图片 3.jpg"的时长均调整为 10 秒，单击视频轨道"V1"左侧的"切换轨道输出"按钮，隐藏视频轨道"V1"。

25. 关闭"科技盒子"序列，返回"序列 01"序列。

26. 将"背景 2.jpg"拖动到"序列 01"序列中视频轨道"V1"的 00：00：07：00 位置，设置"缩放"为"133.0"，时长调整为 12 秒。将"科技盒子"序列拖动到视频轨道"V3"的 00：00：07：00 位置，设置"缩放"为"90.0"。

27. 使用关键帧为"科技盒子"序列添加位置动画，设置 00：00：07：00 时刻"位置"为"–120.0，288.0"，00：00：08：00 时刻"位置"为"239.0，288.0"。

28. 将"手 .png"拖动到视频轨道"V4"的 00：00：07：00 位置，设置"缩放"为"60.0"。使用关键帧为其添加位置动画，设置 00：00：07：00 时刻"位置"为"–350.0，415.0"，00：00：08：00 时刻"位置"为"26.0，415.0"，00：00：09：00 时刻"位置"为"–110.0，415.0"。手和科技盒子 00：00：07：22 时刻效果如图 6–60 所示，手和科技盒子 00：00：08：15 时刻效果如图 6–61 所示。

29. 将"0.png"拖动到视频轨道"V5"的 00：00：09：00 位置，时长调整为 1 秒 15 帧，设置"缩放"为"80.0"。使用关键帧为其添加位置动画，设置 00：00：09：00 时刻"位置"为"109.0，153.0"，00：00：10：07 时刻"位置"为"190.0，141.0"。机器人手 00：00：10：00 时刻效果如图 6–62 所示，机器人手 00：00：10：07 时刻效果如图 6–63 所示。

30. 将"机器人 1.png"拖动到视频轨道"V2"的 00：00：11：00 位置，时长调整为 8 秒，设置"缩放"为"90.0"，"位置"为"240.0，373.0"，此时"机器人 1"是藏在盒子后面的。

图 6–60　手和科技盒子 00：00：07：22 时刻效果

图 6-61　手和科技盒子 00：00：08：15 时刻效果

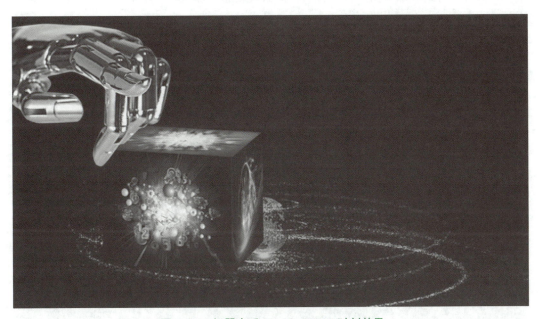

图 6-62　机器人手 00：00：10：00 时刻效果

图 6-63　机器人手 00：00：10：07 时刻效果

31. 使用关键帧为"机器人 1.png"添加缩放和位置动画，设置 00：00：11：00 时刻"缩放"为"90.0"，"位置"为"240.0，373.0"，00：00：12：00 时刻"缩放"为"100.0"，"位置"为"425.0，188.0"，00：00：13：00 时刻"位置"为"533.0，345.0"。"机器人 1.png"00：00：12：00 时刻效果如图 6-64 所示，"机器人 1.png"00：00：13：00 时刻效果如图 6-65 所示。

图 6-64　"机器人 1.png"00：00：12：00 时刻效果

图 6-65　"机器人 1.png" 00：00：13：00 时刻效果

32. 将时间线定位至 00：00：14：00 位置,选中"科技盒子",单击"位置"的"添加 / 移除关键帧"按钮,增加一个当前时刻的关键帧。

● 提示：

> 位置的"切换动画"按钮之前已经启用,不要再次单击该按钮,否则会删除之前已有的关键帧。

33. 使用关键帧为"科技盒子"序列添加位置和缩放动画,设置 00：00：14：00 时刻"位置"为"239.0, 288.0","缩放"为"90.0",00：00：15：00 时刻"位置"为"593.0, 298.0","缩放"为"0.0",即可实现科技盒子被机器人收起来的动画效果。

34. 将"机器人 2.png"拖动到视频轨道"V4"的 00：00：15：00 位置,调整结束位置至 00：00：19：00 时刻。将"变换"组中的"水平翻转"视频效果拖动到"机器人 2.png"上。使用关键帧为其添加位置动画,设置 00：00：15：00 时刻"位置"为"-82.0, 319.0",00：00：16：00 时刻"位置"为"158.0, 316.0"。

35. 将时间线定位至 00：00：16：20 位置,使用"剃刀工具"将"机器人 2.png"一分为二。将"扭曲"组中的"镜像"视频效果拖动到第 2 段"机器人 2.png"上,即可得到对称的两个"机器人 2"。

36. 将时间线定位至 00：00：16：20 位置,在"效果控件"面板中单击"反射中心"左侧的"切换动画"按钮,记录当前的中心位置关键帧。将时间线定位至 00：00：18：20 位置,单击"反射中心"的"添加 / 移除关键帧"按钮,添加一个关键帧。将时间线定位至 00：00：17：20 位置,设置"反射中心"为"217.0, 188.0"。"机器人 2.png" 00：00：17：20

时刻效果如图 6-66 所示，"机器人 2.png" 00：00：16：20 和 00：00：18：20 时刻效果如图 6-67 所示。

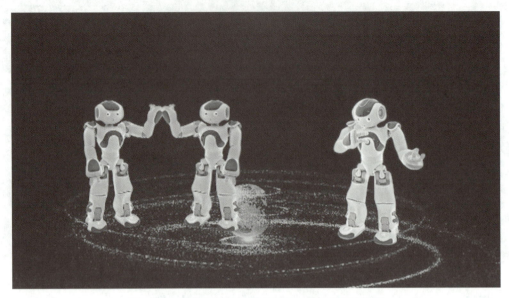

图 6-66　"机器人 2.png" 00：00：17：20 时刻效果

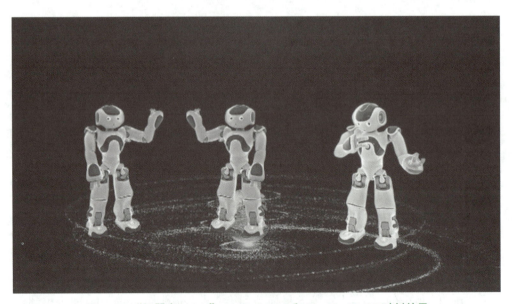

图 6-67　"机器人 2.png" 00：00：16：20 和 00：00：18：20 时刻效果

37. 删除所有音频轨道内容，将"背景音乐 .wav"拖动到音频轨道"A1"的 00：00：00：00 位置，截取 00：00：10：20—00：00：29：20 的音频片段，调整音频位置，使其与视频同时开始、同时结束。

38. 保存项目，导出视频。

6.2.1 光照效果

"光照效果"可模拟灯光照射在物体上的状态。"光照效果"参数如图 6-68 所示。

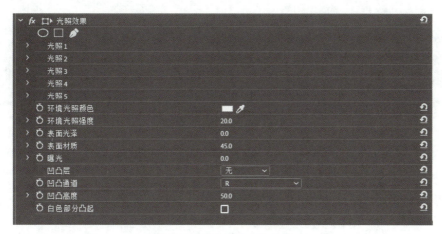

图 6-68 "光照效果"参数

1. 光照 1 ~ 光照 5：为素材添加灯光照射效果。
2. 环境光照颜色：调整素材周围环境光的颜色倾向。
3. 环境光照强度：控制周围环境光的强弱程度。
4. 表面光泽：设置光源的明暗程度。
5. 表面材质：设置图像表面的材质效果。
6. 曝光：控制光照的曝光强弱。
7. 凹凸层：选择产生浮雕的轨迹。
8. 凹凸通道：设置产生浮雕的通道。
9. 凹凸高度：控制浮雕的深浅和大小。
10. 白色部分凸起：勾选该复选框后，可以翻转浮雕的方向。

使用"光照效果"前后效果对比如图 6-69 所示。

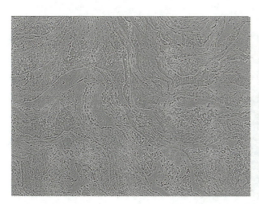

图 6-69 使用"光照效果"前后效果对比

6.2.2 球面化

"球面化"可使素材产生类似放大镜的球形效果。"球面化"参数如图6-70所示。

图6-70 "球面化"参数

1. 半径：设置球面化的半径。半径越大，球面化影响区域越大。
2. 球面中心：设置球面化的中心位置。

使用"球面化"前后效果对比如图6-71所示。

图6-71 使用"球面化"前后效果对比

6.2.3 边角定位

"边角定位"可重新设置素材的左上、右上、左下、右下4个位置的参数，从而调整素材的4个角点的位置。"边角定位"参数如图6-72所示。

fx 边角定位		
左上	46.2	-69.9
右上	342.7	30.6
左下	43.6	557.4
右下	348.0	573.2

图6-72 "边角定位"参数

左上、右上、左下、右下：分别对素材的 4 个角点的位置进行透视调整。

使用"边角定位"前后效果对比如图 6-73 所示。

图 6-73　使用"边角定位"前后效果对比

6.2.4　镜像

"镜像"可以制作出对称翻转的效果。"镜像"参数如图 6-74 所示。

图 6-74　"镜像"参数

1. 反射中心：设置镜面反射中心的位置。

2. 反射角度：设置镜面反射的倾斜角度。

使用"镜像"前后效果对比如图 6-75 所示。

图 6-75　使用"镜像"前后效果对比

6.3　实践"荷塘月色"

综合运用视频效果制作"荷塘月色",效果图如图 6-76 所示。

图 6-76　"荷塘月色"效果图

1. 新建项目,设置"名称"为"荷塘月色","位置"为"6.3 荷塘月色"。

2. 新建序列,"序列预设"选择"DV-PAL"中的"宽屏 48 kHz"。

3. 将素材文件夹中的所有素材导入到"项目"面板中。

4. 执行"文件 – 新建 – 调整图层"命令,打开"调整图层"对话框,单击"确定"按钮,得到"调整图层"素材。

5. 将"项目:荷塘月色"面板中"荷 1.jpg"拖动到"时间轴"面板中视频轨道"V1"的 00:00:00:00 位置,设置"缩放"为"133.0"。将"调整图层"拖动到视频轨道"V2"的 00:00:00:00 位置。

6. 在"效果"面板中选择"生成"组中的"单元格图案"视频效果,将其拖动到"调整图层"上,"单元格图案"选择"晶格化",设置"分散"为"1.50","大小"为"5.0",参数设置如图 6-77 所示,效果如图 6-78 所示。

7. 新建字幕,设置"名称"为"片头",内容为"荷塘月色",旧版标题样式为"Arial Bold purple gradient"。

图 6-77 "单元格图案"参数设置

图 6-78 "单元格图案"效果

8. 将"片头"拖动到视频轨道"V3"的 00∶00∶00∶00 位置。在"效果"面板中选择"透视"组中的"斜面 Alpha"视频效果,将其拖动到"片头"上,设置"边缘厚度"为"3.00","光照颜色"为红色(R∶249,G∶3,B∶3),"光照强度"为"1.00",参数设置如图 6-79 所示,效果如图 6-80 所示。

图 6-79 "斜面 Alpha"参数设置

图 6-80　"斜面 Alpha"效果

9. 在"片头"开始位置添加"擦除"组中的"划出"的视频过渡，设置"持续时间"为"00：00：03：00"，"对齐"为"起点切入"。

10. 将"月亮 .jpg"拖动到视频轨道"V1"的 00：00：04：00 位置，时长调整为 10 秒。将"荷塘 .png"拖动到视频轨道"V2"的 00：00：04：00 位置，设置"缩放"为"134.0"，"位置"为"359.0，226.5"，时长调整为 10 秒。

11. 为"荷塘 .png"应用"扭曲"组中"镜像"视频效果，设置"反射中心"为"713.0，452.8"，"反射角度"为"90.0°"。

12. 将"水 .jpg"拖动到视频轨道"V3"的 00：00：04：00 位置，时长调整为 10 秒，设置"缩放"为"140.0"。为其应用"变换"组中的"裁剪"视频效果，设置"顶部"为"76.0%"，参数设置如图 6-81 所示，效果如图 6-82 所示。

13. 设置"水 .jpg"的"不透明度"为"80.0%"，"混合模式"为"叠加"，效果如图 6-83 所示。

图 6-81　"裁剪"参数设置

图 6-82 "裁剪"效果

图 6-83 "混合模式"效果

14. 将"荷 3.png"拖动到视频轨道"V4"的 00：00：04：00 位置,时长调整为 10 秒, 适当调整位置。将"荷 2.png"拖动到视频轨道"V5"的 00：00：04：00 位置,时长调整为 10 秒,适当调整"缩放"和"位置"。

15. 将"荷 2.png"拖动到视频轨道"V6"的 00：00：04：00 位置,时长调整为 10 秒。为其应用"变换"组中的"水平翻转"视频效果,并适当调整"缩放"和"位置",效果如图 6-84 所示。

图 6-84　"荷 2.png""荷 3.png"效果

16. 使用关键帧为"月亮"添加位置动画,关键帧个数及各时刻的参数可自主进行设计,效果如图 6-85 所示。

图 6-85　"月亮"升起效果

17. 使用关键帧为“荷2.png”和“荷3.png”设计适当的旋转动画（注意锚点的设置），关键帧个数及各时刻的参数可自主进行设计。

18. 添加背景音乐，并截取适当的音频片段，音频与视频同时开始、同时结束。

19. 保存项目，导出视频。

第 7 章
抠像与合成技术

本章目录

示例: 第 7 章

实例效果

7.1 实例"剪纸艺术"

学习目标及要求

掌握"超级键"视频效果的应用。

熟练掌握"非红色键"视频效果的应用。

熟练掌握"颜色键"视频效果的应用。

掌握动作预设的使用方法。

学习内容及操作步骤

运用"超级键""非红色键""颜色键""裁剪"视频效果制作"剪纸艺术",效果图如图 7-1 所示。

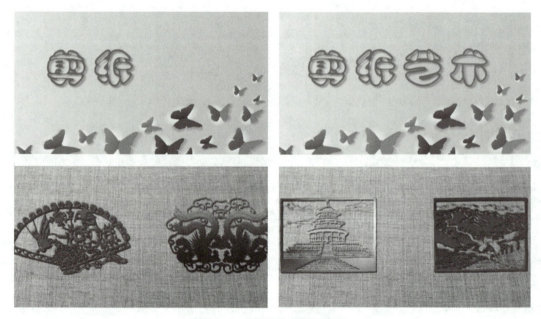

图 7-1 "剪纸艺术"效果图

1. 新建项目,设置"名称"为"剪纸艺术","位置"为"7.1 剪纸艺术"。

2. 新建序列,"序列预设"选择"DV-PAL"中的"宽屏 48 kHz"。

3. 将素材文件夹中的所有素材导入到"项目"面板中。

4. 将"项目:剪纸艺术"面板中的"背景 1.jpg"拖动到"时间轴"面板中视频轨道

"V1"的00：00：00：00位置。选中"背景1.jpg"，在"效果控件"面板中，取消勾选"等比缩放"复选框，设置"缩放高度"为"105.0"，"缩放宽度"为"132.0"。

5. 新建字幕，设置"名称"为"片头"，内容为"剪纸艺术"，"字体系列"为"汉仪黑棋体简"，"字体大小"为"115.0"，"字符间距"为"20.0"，"填充类型"为"消除"，参数设置如图7-2所示。

6. 外描边"类型"为"边缘"，设置"大小"为"40.0"，填充"颜色"为红色（R：255，G：0，B：0），"不透明度"为"100%"，参数设置如图7-3所示。

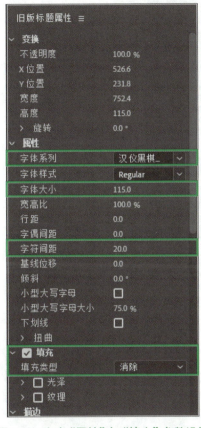

图7-2　文字"属性"与"填充"参数设置

图7-3　文字"描边"参数设置

7. 设置阴影"颜色"为暗红色（R：50，G：0，B：0），"不透明度"为"70%"，"角度"为"135.0°"，"距离"为"10.0"，"大小"为"0.0"，"扩展"为"30.0"，参数设置如图7-4所示。适当调整文字在垂直方向上的位置，水平居中，"剪纸艺术"文字效果如图7-5所示。

8. 将"片头"拖动到视频轨道"V2"的00：00：00：00位置，设置锚点为"155.0，238.0"，为其应用"变换"组中的"裁剪"视频效果，设置"右侧"为"68.0%"，参数设置如图7-6所示，效果如图7-7所示。

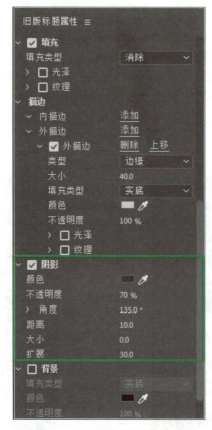

图 7-4 文字"阴影"参数设置

图 7-5 "剪纸艺术"文字效果

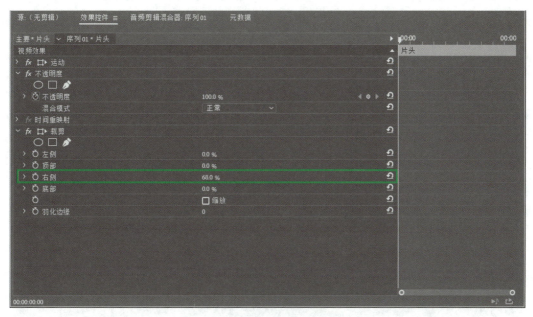

图 7-6 "剪"字"裁剪"参数设置

图 7-7 "剪"字裁剪效果

9. 使用关键帧为视频轨道"V2"上的"片头"字幕添加位置和旋转动画,设置 00:00:00:00 时刻"位置"为"-58.0,238.0","旋转"为"0.0°",00:00:01:00 时刻"位置"为"150.0,238.0","旋转"为"360.0°",关键帧如图 7-8 所示。

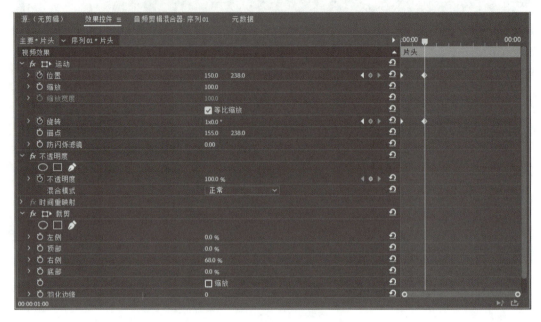

图 7-8　"剪"字位置和旋转关键帧

10. 将"片头"拖动到视频轨道"V3"的 00:00:01:00 位置,设置锚点为"288.0,238.0",为其应用"变换"组中的"裁剪"视频效果,设置"左侧"为"31.0%","右侧"为"50.0%",参数设置如图 7-9 所示,效果如图 7-10 所示。

11. 使用关键帧为视频轨道"V3"上的"片头"字幕添加位置和旋转动画,设置 00:00:01:00 时刻"位置"为"-56.0,238.0","旋转"为"0.0°",00:00:02:00 时刻"位置"为"287.0,238.0","旋转"为"360.0°",关键帧如图 7-11 所示。

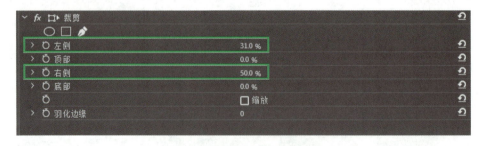

图 7-9　"纸"字"裁剪"参数设置

图7-10 "纸"字裁剪效果

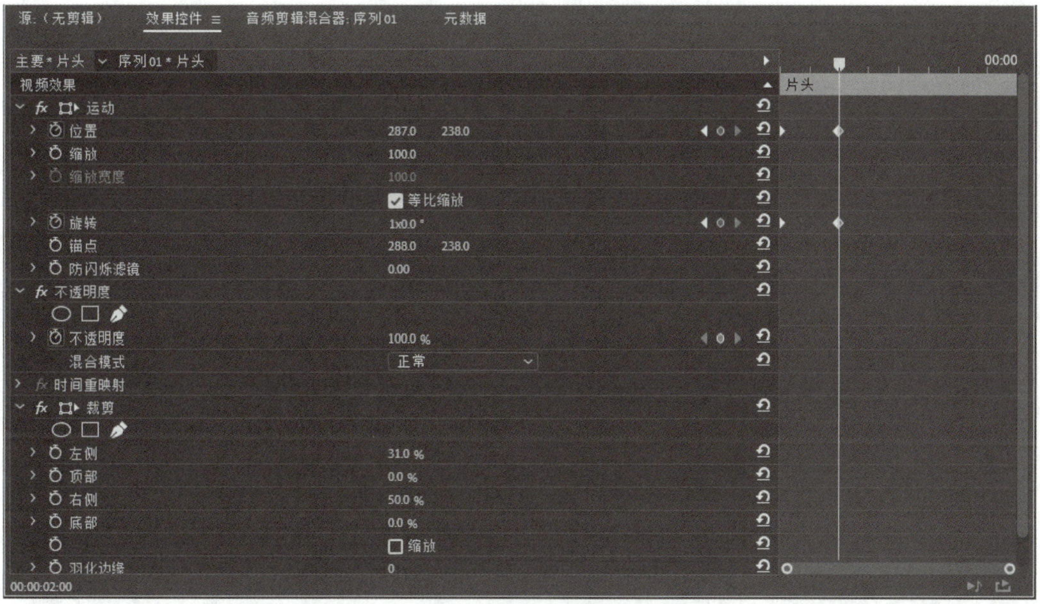

图7-11 "纸"字位置和旋转关键帧

12. 将"片头"拖动到视频轨道"V4"的 00：00：02：00 位置，为其应用"变换"组中的"裁剪"视频效果，设置"左侧"为"50%"，效果如图 7-12 所示。

图 7-12 "艺术"两字裁剪效果

13. 使用关键帧为视频轨道"V4"上的"片头"字幕添加不透明度动画，设置 00：00：02：00 时刻"不透明度"为"0.0%"，00：00：03：00 时刻"不透明度"为"100.0%"，关键帧如图 7-13 所示。

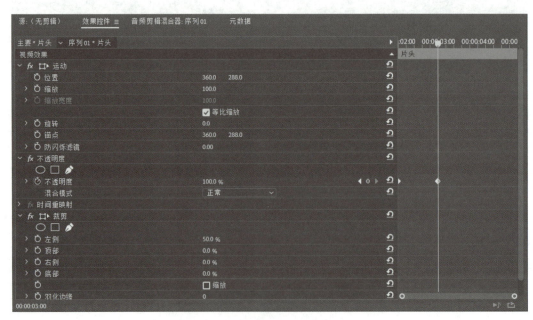

图 7-13 "艺术"两字不透明度关键帧

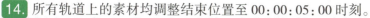

14. 所有轨道上的素材均调整结束位置至00：00：05：00时刻。

15. 新建序列,设置"名称"为"剪纸","序列预设"选择"DV-PAL"中的"宽屏48 kHz"。

16. 将"剪纸1.jpg"拖动到视频轨道"V1"的00：00：00：00位置,将"剪纸2.jpg"拖动到视频轨道"V2"的00：00：02：00位置,将"剪纸3.jpg"拖动到视频轨道"V3"的00：00：04：00位置,将"剪纸4.jpg"拖动到视频轨道"V4"的00：00：06：00位置,轨道内容如图7-14所示。

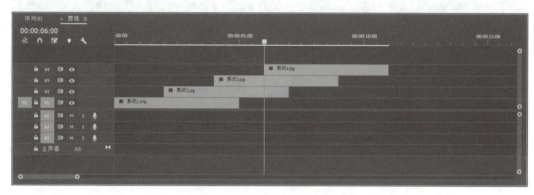

图7-14 "剪纸"序列轨道内容

17. 为"剪纸1.jpg"应用"键控"组中的"超级键"视频效果,"主要颜色"使用吸管吸取图片背景中的蓝色,展开"颜色校正"折叠按钮,设置"饱和度"为"139.0","色相"为"-70.0",参数设置如图7-15所示。在完成抠像的同时对剪纸颜色进行调整,效果如图7-16所示。

18. 为"剪纸2.jpg"应用"键控"组的"非红色键"视频效果,设置"阈值"为"50.0%","屏蔽度"为"47.0%","去边"选择"绿色",参数设置如图7-17所示,效果如图7-18所示。

19. 为"剪纸2.jpg"应用"生成"组的"渐变"视频效果,设置"渐变起点"为"397.0,145.0","起始颜色"为绿色(R：50,G：200,B：0),"渐变终点"为"397.0,458.0","结束颜色"为蓝色(R：58,G：30,B：235),参数设置如图7-19所示,效果如图7-20所示。

图7-15 "超级键"参数设置

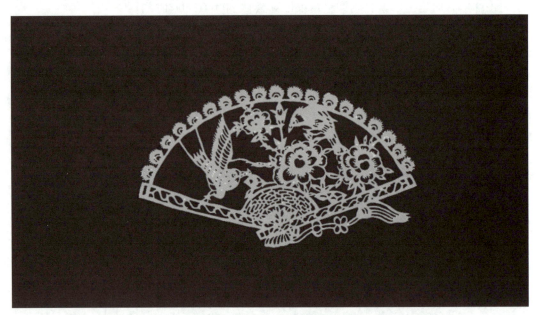

图 7-16　"剪纸 1.jpg"抠像效果

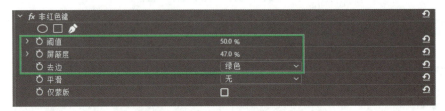

图 7-17　"非红色键"参数设置

图 7-18　"剪纸 2.jpg"抠像效果

图 7-19 "渐变"参数设置

图 7-20 "剪纸 2.jpg"渐变效果

20. 为"剪纸 3.jpg"应用"键控"组的"颜色键"视频效果,"主要颜色"使用吸管吸取图片背景中的黄色,设置"颜色容差"为"70","边缘细化"为"1","羽化边缘"为"0.5",参数设置如图 7-21 所示。

图 7-21 "颜色键"参数设置

21. 为"剪纸 3.jpg"应用"沉浸式视频"组的"VR 颜色渐变"视频效果,设置"点数"为"4","混合模式"为"强光",点的位置和颜色可以展开"点"选项后自行设置,参数设置如图 7-22 所示,效果如图 7-23 所示。

22. 为"剪纸 4.jpg"应用"键控"组中的"颜色键"视频效果,"主要颜色"使用吸管吸取图片背景中的白色,设置"颜色容差"为"115","边缘细化"为"1","羽化边缘"为"0.5",效果如图 7-24 所示。

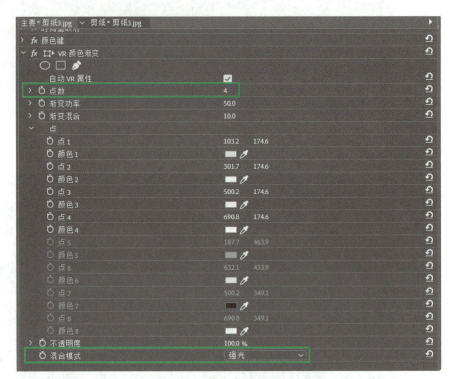

图 7-22　"VR 颜色渐变"参数设置

图片："剪纸
3.jpg"抠像
效果

图 7-23　"剪纸 3.jpg"抠像效果

图 7-24 "剪纸 4.jpg"抠像效果

23. 选中视频轨道"V1"中的"剪纸 1.jpg",设置"缩放"为"90.0"。使用关键帧为其添加位置动画,设置 00:00:00:00 时刻"位置"为"890.0,288.0",00:00:04:24 时刻"位置"为"-190.0,288.0"。

24. 在"运动"上右键单击,在弹出的快捷菜单中选择"保存预设"命令,打开"保存预设"对话框,设置"名称"为"运动 001",如图 7-25 所示。单击"确定"按钮,即可将"运动 001"保存到"效果"面板的"预设"组中。

25. 分别为"剪纸 2.jpg""剪纸 3.jpg""剪纸 4.jpg"应用"预设"组中的"运动 001"预设效果,完成运动的复制。

图 7-25 "保存预设"对话框

26. 分别设置"剪纸 2.jpg""剪纸 3.jpg""剪纸 4.jpg"的"缩放"为"60.0","剪纸"序列 00:00:03:10 时刻效果如图 7-26 所示。

27. 关闭"剪纸"序列,返回"序列 01"序列。

28. 将"背景 2.jpg"拖动到"序列 01"中视频轨道"V1"的 00:00:05:00 位置,设置"缩放"为"135.0"。

29. 将"剪纸"序列拖动到视频轨道"V2"00:00:05:00 位置,两个素材结束位置均调整至 00:00:16:00 时刻,如图 7-27 所示。

30. 为"剪纸"序列应用"透视"组中的"投影"视频效果,设置"不透明度"为"80.0%",效果如图 7-28 所示。

图 7-26　"剪纸"序列 00：00：03：10 时刻效果

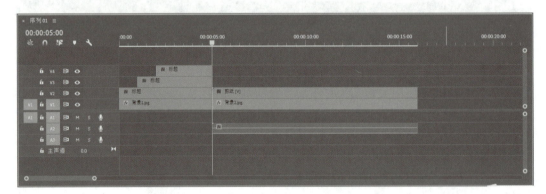

图 7-27　应用"剪纸"序列

图 7-28　剪纸应用"投影"效果

31. 将时间线定位至 00:00:16:00 位置,在"项目:剪纸艺术"面板中选择"剪纸5.jpg""剪纸 6.jpg""剪纸 7.jpg""剪纸 8.jpg",单击"自动匹配序列"按钮,即可将图片按照顺序放置到视频轨道"V1"上,并自动在素材之间添加默认视频过渡,轨道内容如图 7-29所示。

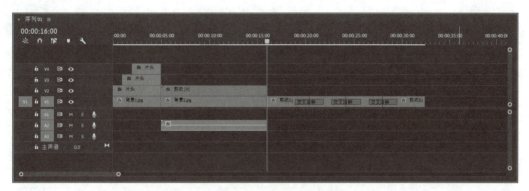

图 7-29 "自动匹配序列"后轨道内容

32. 适当缩放"剪纸 5.jpg""剪纸 6.jpg""剪纸 7.jpg""剪纸 8.jpg",使其占满整个屏幕。

33. 设置所有视频过渡的"持续时间"为"00:00:03:00","对齐"为"中心切入"。

34. 在"背景 2.jpg"与"剪纸 5.jpg"之间添加"溶解"组中的"交叉溶解"视频过渡,设置"对齐"为"起点切入"。

35. 删除所有音频轨道内容,将"背景音乐 .wav"拖动到音频轨道"A1"的 00:00:00:00位置,截取 00:00:25:10—00:00:57:20 的音频片段,调整音频位置,使其与视频同时开始、同时结束。

36. 保存项目,导出视频。

7.1.1 超级键

"超级键"可以将使用吸管在画面中吸取的颜色或者打开"拾色器"对话框设置的颜色变成透明,并可同时对抠像结果进行色彩校正。"超级键"参数如图 7-30 所示。

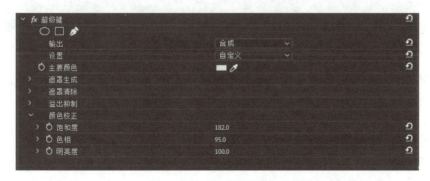

图 7-30 "超级键"参数

1. 输出：设置输出类型，包括"合成""Alpha 通道""颜色通道"3 个选项。

2. 设置：设置抠像的类型，包括"默认""弱效""强效""自定义"4 个选项。

3. 主要颜色：设置变透明的颜色。

4. 遮罩生成：设置遮罩产生的方式，包括"透明度""高光""阴影""容差""基值"。

5. 遮罩清除：设置遮罩的属性类型，包括"抑制""柔化""对比度""中间点"。

6. 溢出抑制：设置对溢出色彩的抑制，包括"降低饱和度""范围""溢出""亮度"。

7. 颜色校正：实现颜色的校正，包括"饱和度""色相""明亮度"。

使用"超级键"前后效果对比如图 7-31 所示。

图片：使用"超级键"前后效果对比

图 7-31　使用"超级键"前后效果对比

7.1.2　非红色键

"非红色键"可以将蓝色或者绿色区域变为透明效果。"非红色键"参数如图 7-32 所示。

图 7-32　"非红色键"参数

1. 阈值：设置临界值，是指能产生效果的最高值。

2. 屏蔽度：设置图像屏蔽度，影响非蓝色或非绿色内容的不透明度。

3. 去边：去除绿色边缘或者蓝色边缘。

4. 平滑：设置边缘平滑程度。

5. 仅蒙版：勾选该复选框后，显示素材的 Alpha 通道，黑色表示透明区域，白色表示不透明区域，灰色表示半透明区域。

使用"非红色键"前后效果对比如图 7-33 所示。

图 7-33 使用"非红色键"前后效果对比

7.1.3 颜色键

"颜色键"可将某种颜色变为透明效果。"颜色键"参数如图 7-34 所示。

图 7-34 "颜色键"参数

1. 主要颜色：设置抠像的目标颜色。
2. 颜色容差：设置选取颜色的范围，容差越大，选取的颜色范围就越大。
3. 边缘细化：设置边缘的平滑程度。
4. 羽化边缘：设置边缘的柔和程度。

使用"颜色键"前后效果对比如图 7-35 所示。

图 7-35 使用"颜色键"前后效果对比

201

7.1.4 其他视频特效

1. 渐变

"渐变"可在素材上方填充线性或径向渐变。"渐变"参数如图 7-36 所示。

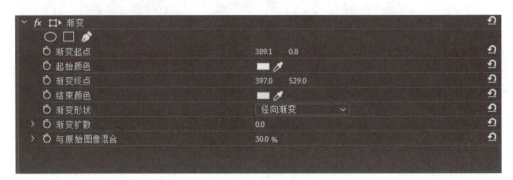

图 7-36 "渐变"参数

（1）渐变起点：设置渐变的起始位置。

（2）起始颜色：设置渐变的起始颜色。

（3）渐变终点：设置渐变的结束位置。

（4）结束颜色：设置渐变的结束颜色。

（5）渐变形状：设置渐变样式，包括"线性渐变""径向渐变"2 个选项。

（6）渐变扩散：设置渐变的扩散程度。

（7）与原始图像混合：设置渐变与原始图层产生不同程度的混合。

使用"渐变"前后效果对比如图 7-37 所示。

图片：使用"渐变"前后效果对比

图 7-37 使用"渐变"前后效果对比

2. VR 颜色渐变

"VR 颜色渐变"用于 VR 沉浸式效果中图像颜色渐变的处理。"VR 颜色渐变"参数如图 7-38 所示。

图 7–38 "VR 颜色渐变"参数

（1）点数：设置渐变颜色点的个数。

（2）渐变功率：设置渐变功率。

（3）渐变混合：设置渐变混合。

（4）点：设置渐变点位置和颜色。

（5）不透明度：设置渐变颜色不透明度。

（6）混合模式：设置渐变与原始图像的混合模式。

使用"VR 颜色渐变"前后效果对比如图 7–39 所示。

图片：使用
"VR 颜色渐
变"前后
效果对比

图 7–39 使用"VR 颜色渐变"前后效果对比

3. 投影

"投影"用于在图像边缘产生阴影效果。"投影"参数如图 7–40 所示。

图 7–40 "投影"参数

（1）阴影颜色：设置阴影的颜色。

（2）不透明度：设置阴影的不透明度。

（3）方向：设置阴影方向。

（4）距离：设置阴影与原图之间的距离。

（5）柔和度：设置阴影边缘的羽化程度。

（6）仅阴影：勾选该复选框后，仅显示阴影。

"投影"效果如图 7-41 所示。

图 7-41　"投影"效果

7.2　实例"中国戏曲"

 学习目标及要求

熟练掌握"亮度键""Alpha 调整"视频效果的应用。

熟练掌握"轨道遮罩键"视频效果的应用。

 学习内容及操作步骤

运用"亮度键""相机模糊""Alpha 调整""轨道遮罩键"等视频效果制作"中国戏曲"，效果图如图 7-42 所示。

图 7-42 "中国戏曲"效果图

1. 新建项目,设置"名称"为"中国戏曲","位置"为"7.2 中国戏曲"。

2. 新建序列,"序列预设"选择"DV-PAL"中的"宽屏 48 kHz"。

3. 将素材文件夹中的所有素材导入到"项目"面板中。

4. 新建序列,设置"名称"为"背景","序列预设"选择"DV-PAL"中的"宽屏 48 kHz"。

5. 在"项目:中国戏曲"面板中选择"墨彩 0.jpg""墨彩 1.jpg""墨彩 2.jpg""墨彩 3.jpg""墨彩 4.jpg""墨彩 5.jpg""墨彩 6.jpg",一次性拖动到"时间轴"面板中的视频轨道"V1"上,如图 7-43 所示。

● 提示:

"墨彩 0.jpg"的开始位置为 00：00：00：00。

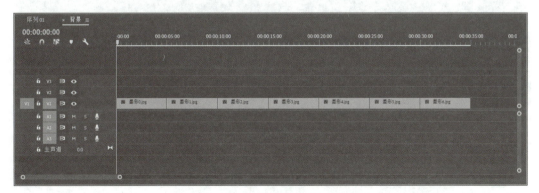

图 7-43 视频轨道"V1"内容

6. 设置"视频过渡默认持续时间"为"75 帧",如图 7-44 所示。

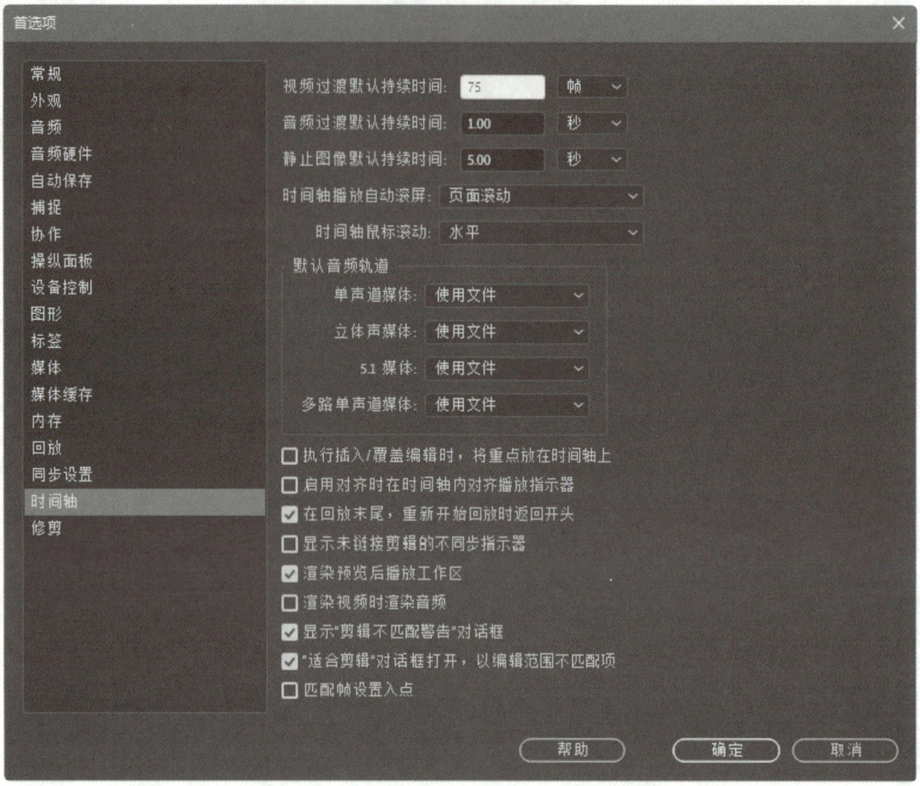

图 7-44　"视频过渡默认持续时间"设置

7. 依次在相邻两个墨彩图片之间添加对应的视频过渡,如图 7-45 所示。"对齐"均设置为"中心切入"。

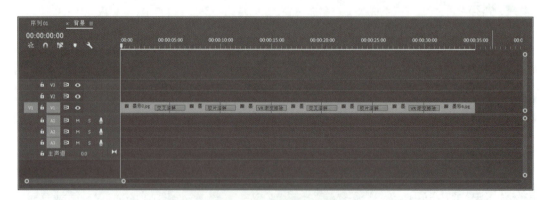

图 7-45　添加视频过渡

8. 关闭"背景"序列,返回"序列 01"序列。

9. 将"背景"序列拖动到"序列 01"序列中视频轨道"V1"的 00∶00∶00∶00 位置,调整速度,持续时间设置为"00∶00∶18∶00",取消勾选"等比缩放"复选框,设置"缩放高度"为"105.0","缩放宽度"为"135.0"。

10. 将"中国戏曲 .jpg"拖动到视频轨道"V2"的 00∶00∶00∶00 位置,为其应用"键控"组中的"亮度键"视频效果,设置"阈值"为"50.0%","屏蔽度"为"55.0%",参数设置如图 7-46 所示,效果如图 7-47 所示。

图 7-46 "亮度键"参数设置

图 7-47 "中国戏曲 .jpg"抠像效果

11. 为"中国戏曲 .jpg"应用"模糊与锐化"组中的"相机模糊"视频效果。将时间线定位至 00∶00∶00∶00 位置,单击"百分比模糊"左侧的"切换动画"按钮,设置"百分比模糊"为"100"。将时间线定位至 00∶00∶02∶00 位置,设置"百分比模糊"为"0"。将时间线定位至 00∶00∶04∶00 位置,单击"添加 / 移除关键帧"按钮,添加关键帧。将时间线定位至 00∶00∶04∶24 位置,设置"百分比模糊"为"100",关键帧如图 7-48 所示。

图 7-48 "百分比模糊"关键帧

12. 将"脸谱 1.jpg"和"脸谱 2.jpg"分别拖动到视频轨道"V3"和"V4"的 00：00：04：00 位置,设置"缩放"均为"75.0","脸谱 1.jpg"的"位置"为"540.0,288.0","脸谱 2.jpg"的"位置"为"180.0,288.0",效果如图 7-49 所示。

图 7-49　脸谱效果

13. 为"脸谱 2.jpg"应用"键控"组中的"Alpha 调整"视频效果,单击"自由绘制贝塞尔曲线"按钮,得到"蒙版(1)",沿"脸谱 2"的周边绘制曲线,如图 7-50 所示。

图 7-50　绘制贝塞尔曲线

视频:对
"脸谱 2"
进行抠像

● 提示:

　　绘制曲线时,连续单击得到直线段,按下鼠标左键拖动得到曲线段,曲线的弯曲方向和弯曲程度由锚点控制柄决定,最后曲线的终点与原点要重合,形成闭合曲线。

14. 选择"蒙版（1）"对曲线进行调整，直到满意为止，如图 7–51 所示。

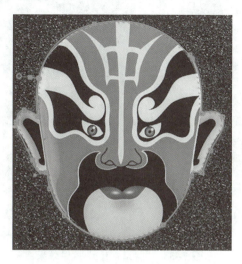

图 7–51 调整贝塞尔曲线

● 提示：

通过添加锚点或者调整锚点控制柄来调整曲线。

15. 勾选"已反转"复选框，设置"不透明度"为"0.0%"，参数设置如图 7–52 所示，完成"脸谱 2.jpg"的抠像，效果如图 7–53 所示。

16. 为"脸谱 2.jpg"应用"变换"组中的"水平翻转"视频效果。

17. 为"脸谱 1.jpg"应用"键控"组中的"Alpha 调整"视频效果，并为其添加蒙版，实现"脸谱 1.jpg"的抠像，效果如图 7–54 所示。

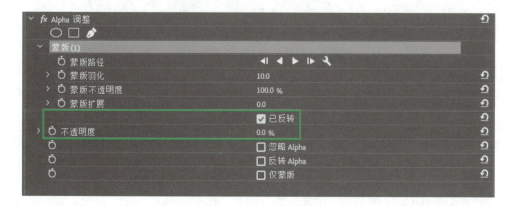

图 7–52 "Alpha 调整"参数设置

图 7-53　"脸谱 2.jpg" 抠像效果

图 7-54　"脸谱 1.jpg" 抠像效果

● 提示：

也可复制"脸谱 2"的蒙版,然后再进行调整。

18. 使用关键帧为"脸谱 2.jpg"添加位置动画,设置 00：00：04：00 时刻"位置"为"0,288.0",00：00：07：00 时刻"位置"为"180.0,288.0"。

19. 使用关键帧为"脸谱 1.jpg"添加位置动画,设置 00：00：04：00 时刻"位置"为"710.0,288.0",00：00：07：00 时刻"位置"为"540.0,288.0"。

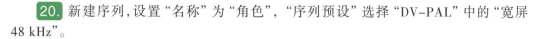

20. 新建序列,设置"名称"为"角色","序列预设"选择"DV-PAL"中的"宽屏 48 kHz"。

21. 将"戏曲 1.jpg"拖动到视频轨道"V1"的 00:00:00:00 位置,将"戏曲 2.jpg"拖动到视频轨道"V2"的 00:00:02:00 位置,将"戏曲 3.jpg"拖动到视频轨道"V3"的 00:00:04:00 位置,将"戏曲 4.jpg"拖动到视频轨道"V4"的 00:00:06:00 位置。"戏曲 1.jpg""戏曲 2.jpg""戏曲 3.jpg""戏曲 4.jpg"均调整结束位置至 00:00:09:00 时刻。

22. 将"蒙版.jpg"拖动到视频轨道"V5"的 00:00:00:00 位置,设置"缩放"为"135.0",调整结束位置至 00:00:09:00 时刻,轨道内容如图 7-55 所示。

图 7-55 "角色"序列轨道内容

23. 为"戏曲 1.jpg"应用"键控"组中的"轨道遮罩键"视频效果,"遮罩"选择"视频 5","合成方式"选择"亮度遮罩",参数设置如图 7-56 所示,效果如图 7-57 所示。

图 7-56 "轨道遮罩"参数设置

24. 采用上述方法,分别为"戏曲 2.jpg""戏曲 3.jpg""戏曲 4.jpg"应用"键控"组中的"轨道遮罩键"视频效果,"遮罩"均选择"视频 5","合成方式"均选择"亮度遮罩"。

25. 适当调整"戏曲 1.jpg""戏曲 2.jpg""戏曲 3.jpg""戏曲 4.jpg"的位置,如图 7-58 所示。

26. 使用关键帧为"戏曲 1.jpg"添加缩放和顺时针旋转动画。设置 00:00:00:00 时刻"缩放"为"0.0","旋转"为"0°",00:00:02:00 时刻"缩放"为"100.0","旋转"为"360°"。

视频:制作角色轨道遮罩键效果

211

图 7-57　"戏曲 1.jpg"遮罩效果

图 7-58　调整各戏曲图片位置

27. 将"戏曲 1.jpg"的缩放关键帧和旋转关键帧复制给"戏曲 2.jpg",即可得到"戏曲 2.jpg"的前 2 秒内缩放和顺时针旋转 360° 动画效果。"角色"序列 00:00:03:15 时刻效果如图 7-59 所示。

图 7-59 "角色"序列 00：00：03：15 时刻效果

28. 使用关键帧为"戏曲 3.jpg"添加缩放和逆时针旋转动画。设置 00：00：04：00 时刻"缩放"为"0.0"，"旋转"为"0°"，00：00：06：00 时刻"缩放"为"100.0"，"旋转"为"-360°"。

29. 将"戏曲 3.jpg"的缩放关键帧和旋转关键帧复制给"戏曲 4.jpg"，即可得到"戏曲 4.jpg"的前 2 秒内缩放和逆时针旋转 360°动画效果。"角色"序列 00：00：07：10 时刻效果如图 7-60 所示。

图 7-60 "角色"序列 00：00：07：10 时刻效果

30. 关闭"角色"序列,返回"序列 01"序列。

31. 将"角色"序列拖动到"序列 01"序列中视频轨道"V2"的 00：00：09：00 位置。

32. 删除所有音频轨道内容,将"背景音乐 .wav"拖动到音频轨道"A1"的 00：00：00：00 位置,截取 00：00：02：02—00：00：20：02 的音频片段,调整音频位置,使其与视频同时开始、同时结束。

33. 保存项目,导出视频。

7.2.1　亮度键

"亮度键"可以将被叠加画面的灰度值设置为透明而保持色度不变。"亮度键"参数如图 7–61 所示。

图 7–61　"亮度键"参数

1. 阈值:调整素材的透明程度。
2. 屏蔽度:设置被键控图像的终止位置。
使用"亮度键"前后效果对比如图 7–62 所示。

图 7–62　使用"亮度键"前后效果对比

7.2.2　Alpha 调整

"Alpha 调整"可以根据灰度等级决定该画面的叠加效果,并可以通过调整不透明度数值得到不同的画面效果。"Alpha 调整"参数如图 7–63 所示。

图 7-63 "Alpha 调整"参数

使用"Alpha 调整"前后效果对比如图 7-64 所示。可以适当配合蒙版制作局部的 Alpha 调整效果。

图 7-64 使用"Alpha 调整"前后效果对比

7.2.3 轨道遮罩键

"轨道遮罩键"可以根据遮罩的亮度值决定画面的不透明度。"轨道遮罩键"参数如图 7-65 所示。

图 7-65 "轨道遮罩键"参数

1. 遮罩：选择用来跟踪抠像的视频轨道。
2. 合成方式：选择合成类型，包括"Alpha 遮罩"和"亮度遮罩"2 个选项。
3. 反向：勾选该复选框后，效果区域反向选择。

"轨道遮罩键"效果如图 7-66 所示。

215

图 7-66　"轨道遮罩键"效果

7.3　实践"嫦娥奔月"

综合运用"键控"组视频效果制作"嫦娥奔月",效果图如图 7-67 所示。

图 7-67　"嫦娥奔月"效果图

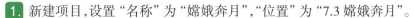

1. 新建项目,设置"名称"为"嫦娥奔月","位置"为"7.3 嫦娥奔月"。

2. 新建序列,"序列预设"选择"DV-PAL"中的"宽屏 48 kHz"。

3. 将素材文件夹中的所有素材导入到"项目"面板中。

4. 将"项目:嫦娥奔月"面板中的"背景.jpg"拖动到"时间轴"面板中视频轨道"V1"的 00:00:00:00 位置,时长调整为 10 秒,适当调整缩放,使其占满整个屏幕。

5. 将"仙鹤.jpg"拖动到视频轨道"V2"的 00:00:00:00 位置,时长调整为 10 秒。

6. 应用"键控"组中的"颜色键"视频效果对仙鹤进行抠像,并对其应用"变换"组中的"水平翻转"视频效果,适当调整仙鹤的缩放和位置。

7. 将"月亮.jpg"拖动到视频轨道"V3"的 00:00:00:00 位置,时长调整为 10 秒。

8. 应用"键控"组中的"非红色键"视频效果对"月亮.jpg"进行抠像,适当调整月亮的位置。

9. 将"桂花.jpg"拖动到视频轨道"V4"的 00:00:00:00 位置,时长调整为 10 秒。

10. 应用"键控"组中的"亮度键"视频效果对"桂花.jpg"进行抠像,适当调整桂花的缩放和位置,并为其应用"投影"视频效果。

11. 将"仙女.jpg"拖动到视频轨道"V5"的 00:00:00:00 位置,时长调整为 10 秒。

12. 应用"键控"组中的"超级键"视频效果对"仙女.jpg"进行抠像,适当调整仙女的缩放和位置,并为其应用"投影"视频效果。

13. 使用关键帧为仙女添加缩放和位置动画,关键帧个数及各时刻的参数可自主进行设计。

14. 添加背景音乐,并截取适当的音频片段,音频与视频同时开始、同时结束。

15. 保存项目,导出视频。

第 8 章
色彩调整

本章目录

示例：第 8 章

实例效果

8.1　实例"历史古迹"

学习目标及要求

了解"图像控制""过时""颜色校正"视频效果的功能特点。

掌握"颜色替换"视频效果的应用。

熟练掌握"色调"视频效果的应用。

熟练掌握"阴影 / 高光"视频效果的应用。

熟练掌握"颜色平衡（HLS）"视频效果的应用。

掌握"更改颜色"视频效果的应用。

学习内容及操作步骤

运用"颜色替换""色调""阴影 / 高光""颜色平衡（HLS）""更改颜色"视频效果制作"历史古迹"，效果图如图 8-1 所示。

图 8-1　"历史古迹"效果图

1. 新建项目，设置"名称"为"历史古迹"，"位置"为"8.1 历史古迹"。

2. 新建序列，"序列预设"选择"DV-PAL"中的"宽屏 48 kHz"。

3. 将素材文件夹中的所有素材导入到"项目"面板中。

4. 新建颜色遮罩,设置"颜色"为橙色(R:239,G:148,B:5),"名称"为"橙色遮罩"。

5. 新建字幕,设置"名称"为"片头",输入垂直文字,内容为"在古迹中追寻历史","字体系列"为"华文楷体","行距"为"20.0",填充"颜色"为橙色(R:239,G:148,B:5),外描边"大小"为"30.0","颜色"为红色(R:255,G:0,B:0),"阴影"为黑色,垂直居中,水平居中,效果如图8-2所示。

图8-2 "片头"效果

6. 基于当前字幕新建字幕,设置"名称"为"片尾",更改文字内容为"铭记历史吾辈自强"。

7. 将"项目:历史古迹"面板中的"橙色遮罩"拖动到"时间轴"面板中视频轨道"V1"的00:00:00:00位置。

8. 将"片头"拖动到视频轨道"V2"的00:00:00:00位置,为其应用"杂色与颗粒"组中的"杂色Alpha"视频效果,设置"数量"为"470.0%","溢出"为"回绕",参数设置如图8-3所示,效果如图8-4所示。

9. 将"门.jpg"拖动到视频轨道"V3"的00:00:00:00位置,取消勾选"等比缩放"复选框,设置"缩放高度"为"77.0","缩放宽度"为"120.0",为其应用"变换"组中的"裁剪"视频效果,设置"右侧"为"49.2%"。

图8-3 "杂色Alpha"参数设置

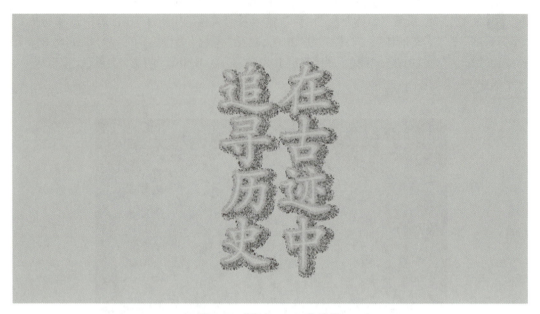

图 8-4　"杂色 Alpha"效果

10. 选中"门 .jpg",将其复制到视频轨道"V4"的 00∶00∶00∶00 位置,更改"裁剪"视频效果的"右侧"为"0.0%","左侧"为"50.9%"。

11. 为视频轨道"V4"上的"门 .jpg"应用"图像控制"组中的"颜色替换"视频效果,创建椭圆形蒙版,设置"蒙版羽化"为"0.0","目标颜色"为白色(R∶255,G∶255,B∶255),"替换颜色"为红色(R∶243,G∶33,B∶35),参数设置如图 8-5 所示。蒙版和"颜色替换"效果如图 8-6 所示。

12. 为视频轨道"V4"上的"门 .jpg"第 2 次应用"图像控制"组中的"颜色替换"视频效果,为第 1 行第 2 列和第 1 行第 3 列的门钉中心分别创建椭圆形蒙版,并适当调整,设置"蒙版羽化"为"0.0","目标颜色"为红色(R∶243,G∶33,B∶35),"替换颜色"为淡黄色(R∶249,G∶253,B∶133),参数设置如图 8-7 所示,效果如图 8-8 所示。

图 8-5　"颜色替换"参数设置

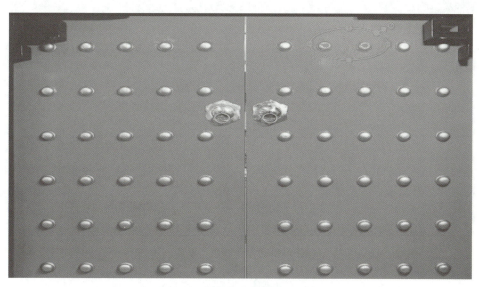

图 8-6　蒙版和"颜色替换"效果

图 8-7　第 2 次"颜色替换"参数设置

视频：调整
门钉颜色

13. 将"丝绸之路 .jpg"拖动到视频轨道"V1"的 00：00：05：00 位置，取消勾选"等比缩放"复选框，设置"缩放高度"为"85.0"，"缩放宽度"为"105.0"，为其应用"颜色校正"组中的"色调"视频效果，设置"将白色映射到"为橙色（R：216，G：125，B：8）。使用关键帧为其添加着色量动画，设置 00：00：05：00 时刻"着色量"为"20.0%"，00：00：09：00 时刻"着色量"为"88.0%"，参数设置如图 8-9 所示，效果如图 8-10 所示。

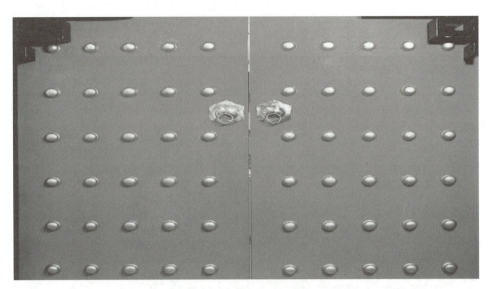

图 8-8　"颜色替换"效果

图 8-9　"色调"参数设置

图 8-10　"色调"效果

14. 将"圆明园 .jpg"拖动到视频轨道"V1"的 00∶00∶10∶00 位置,取消勾选"等比缩放"复选框,设置"缩放高度"为"85.0","缩放宽度"为"105.0"。为其应用"过时"组中的"阴影 / 高光"视频效果,取消勾选"自动数量"复选框,设置"阴影数量"为"100","高光数量"为"100",参数设置如图 8-11 所示,效果如图 8-12 所示。

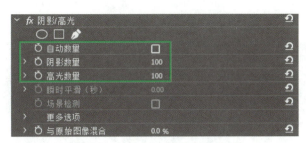

图 8-11 "阴影 / 高光"参数设置

图 8-12 "阴影 / 高光"效果

15. 将"长城.jpg"拖动到视频轨道"V1"的00:00:15:00位置,取消勾选"等比缩放"复选框,设置"缩放高度"为"165.0","缩放宽度"为"133.0"。为其应用"颜色校正"组中的"颜色平衡(HLS)"视频效果,使用"自由绘制贝塞尔曲线"绘制山脉蒙版,设置"蒙版羽化"为"5.0"。使用关键帧为其添加色相动画,设置00:00:15:00时刻"色相"为"45.0°",00:00:19:00时刻"色相"为"-137.0°",参数设置如图8-13所示。蒙版和"颜色平衡(HLS)"效果如图8-14所示。

图 8-13 "颜色平衡(HLS)"参数设置

图 8-14 蒙版和"颜色平衡（HLS）"效果

16. 将"片尾"拖动到视频轨道"V2"的 00：00：20：00 位置,时长调整为 4 秒,为其应用"颜色校正"组中的"更改颜色"视频效果,设置"要更改的颜色"为红色（R：255,G：0,B：0）。使用关键帧为其添加色相变换动画,设置 00：00：20：00 时刻"色相变换"为"0.0",00：00：23：00 时刻"色相变换"为"360.0",参数设置如图 8-15 所示,效果如图 8-16 所示。

17. 分别将视频轨道"V3"和"V4"中的"门 .jpg"复制到视频轨道"V3"和"V4"的00：00：20：00 位置。

18. 依次在"丝绸之路 .jpg""圆明园 .jpg""长城 .jpg"的开始位置添加"划像"组的视频过渡。

图 8-15 "更改颜色"参数设置

图 8–16 "更改颜色"效果

19. 分别在视频轨道"V3"和"V4"第 1 个门的结束位置添加"3D 运动"组中的"立方体旋转"视频过渡,设置"持续时间"为"00∶00∶04∶00",并在视频轨道"V3"的视频过渡参数中勾选"反向"复选框。

20. 分别为视频轨道"V3"和"V4"第 2 个门的开始位置添加"3D 运动"组中的"立方体旋转"视频过渡,设置"持续时间"为"00∶00∶04∶00",并在视频轨道"V4"的视频过渡参数中勾选"反向"复选框。

21. 将"背景音乐 .wav"拖动到音频轨道"A1"的 00∶00∶00∶00 位置,截取 00∶00∶45∶00—00∶01∶10∶00 的音频片段,调整音频位置,使其与视频同时开始、同时结束。

22. 保存项目,导出视频。

8.1.1 颜色替换

"颜色替换"可以使用一种新的颜色替换图像中的目标颜色,可以配合蒙版实现图像的局部颜色调整。"颜色替换"参数如图 8-17 所示。

图 8–17 "颜色替换"参数

1. 蒙版：设置调色区域。
2. 相似性：设置目标颜色的容差值，数值越大，可调整颜色范围越宽。
3. 纯色：直接使用替换颜色替换目标颜色，没有任何过渡。
4. 目标颜色：设置被替换的颜色。
5. 替换颜色：设置新的替换颜色。

使用"颜色替换"前后效果对比如图 8-18 所示。

图片：使用
"颜色替换"
前后效果对比

图 8-18　使用"颜色替换"前后效果对比

8.1.2　色调

"色调"可以分别对不同色调范围进行颜色映射，可以配合蒙版实现图像的局部颜色调整。"色调"参数如图 8-19 所示。

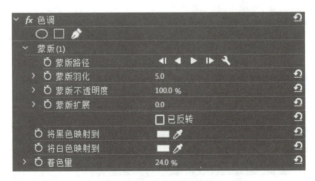

图 8-19　"色调"参数

1. 蒙版：设置调色区域。
2. 将黑色映射到：设置图像或调色区域暗调范围的着色颜色。
3. 将白色映射到：设置图像或调色区域亮调范围的着色颜色。
4. 着色量：设置着色程度。

使用"色调"前后效果对比如图 8-20 所示。

图片：使用
"色调"前后
效果对比

图 8-20 使用 "色调" 前后效果对比

8.1.3 颜色平衡 (HLS)

"颜色平衡 (HLS)" 可以通过调整色相、亮度和饱和度来更改图像颜色,可以配合蒙版实现图像的局部颜色调整。"颜色平衡 (HLS)" 参数如图 8-21 所示。

图 8-21 "颜色平衡 (HLS)" 参数

图片: 使用 "颜色平衡 (HLS)" 前后效果对比

1. 色相:调整图像或调色区域的颜色。
2. 亮度:调整图像或调色区域的亮度。
3. 饱和度:调整图像或调色区域的颜色饱和度。

使用 "颜色平衡 (HLS)" 前后效果对比如图 8-22 所示。

图 8-22 使用 "颜色平衡 (HLS)" 前后效果对比

8.1.4 阴影 / 高光

"阴影 / 高光" 可以分别对图像中的暗调部分和亮调部分的光亮度、颜色等进行调整,可以配合蒙版实现图像的局部颜色调整。"阴影 / 高光" 参数如图 8-23 所示。

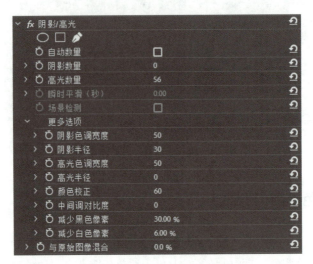

图 8-23 "阴影 / 高光"参数

1. 自动数量：以默认光亮度分别调整图像或调色区域的暗调部分和亮调部分。

2. 阴影数量：设置图像或调色区域的暗调部分的光亮度。数值越小，变暗的程度越大；数值越大，亮点处越亮。

3. 高光数量：设置图像或调色区域的亮调部分的光亮度。数值越小，变亮的程度越大；数值越大，亮点处越暗。

4. 阴影色调宽度 / 高光色调宽度：设置阴影 / 高光中色调的修改范围。

5. 阴影半径 / 高光半径：设置每个像素周围局部相邻像素的大小。

6. 颜色校正：微调图像或调色区域的色调。

7. 中间调对比度：调整中间调的对比度，值越大，对比度越高。

8. 减少黑色像素：设置暗调范围。

9. 减少白色像素：设置亮调范围。

10. 与原始图像混合：设置调整效果与原始图像的混合程度，为"0.0%"时完全显示调整后效果，为"100.0%"时显示原图像。

使用"阴影 / 高光"前后效果对比如图 8-24 所示。

图 8-24 使用"阴影 / 高光"前后效果对比

8.1.5 更改颜色

"更改颜色"可以更改图像中某种颜色范围的色相、亮度及饱和度,可以配合蒙版实现图像的局部颜色调整。"更改颜色"参数如图 8-25 所示。

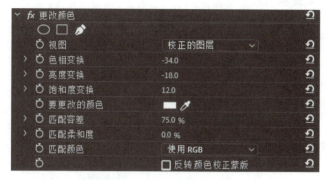

图 8-25 "更改颜色"参数

1. 视图:设置调色效果的观看模式。
2. 色相变换:调整要更改颜色的色相。
3. 亮度变换:调整要更改颜色的光亮度。
4. 饱和度变换:调整要更改颜色的饱和度。
5. 要更改的颜色:设置图像或调色区域中要改变的颜色。
6. 匹配容差:设置颜色匹配的相似度。
7. 匹配柔和度:设置颜色的柔和度。
8. 匹配颜色:包括"使用 RGB""使用色相""使用色度"3 个选项。
9. 反转颜色校正蒙版:勾选该复选框后,将颜色进行反向校正。

使用"更改颜色"前后效果对比如图 8-26 所示。

图片:使用
"更改颜色"
前后效果
对比

图 8-26 使用"更改颜色"前后效果对比

8.2 实例"休闲时刻"

 学习目标及要求

掌握"通道混合器"视频效果的应用。
熟练掌握"更改为颜色"视频效果的应用。
熟练掌握"RGB 曲线"视频效果的应用。
熟练掌握"颜色替换"视频效果的应用。

 学习内容及操作步骤

运用"通道混合器""更改为颜色""RGB 曲线""颜色替换"等视频效果制作"休闲时刻",效果图如图 8-27 所示。

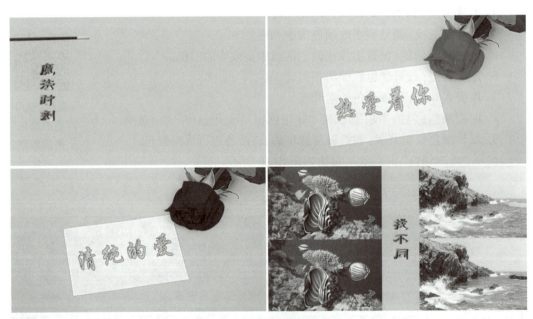

图 8-27 "休闲时刻"效果图

1. 新建项目,设置"名称"为"休闲时刻","位置"为"8.2 休闲时刻"。
2. 新建序列,"序列预设"选择"DV-PAL"中的"宽屏 48 kHz"。
3. 将素材文件夹中的所有素材导入到"项目"面板中。

4. 新建颜色遮罩,设置"颜色"为橙色(R:255,G:199,B:2),"名称"为"橙色遮罩"。

5. 将"项目:休闲时刻"面板中的"橙色遮罩"拖动到"时间轴"面板中视频轨道"V1"的00:00:00:00位置,时长调整为2秒。

6. 新建字幕,设置"名称"为"魔法时刻",输入垂直文字,内容为"魔法时刻","字体系列"为"华文隶书","字体大小"为"60.0","填充类型"为"四色渐变"。以左上角为起点,按顺时针方向填充"颜色"分别为白色(R:255,G:255,B:255)、红色(R:255,G:0,B:0)、黄色(R:255,G:255,B:0)、蓝色(R:0,G:0,B:255),外描边"类型"为"深度","大小"为"32.0",效果如图8-28所示。

图8-28 "魔法时刻"效果

7. 基于当前字幕新建字幕,设置"名称"为"找不同",更改文字内容为"找不同",垂直居中,水平居中。

8. 将"魔法时刻"拖动到视频轨道"V2"的00:00:00:00位置,适当调整位置,时长调整为2秒。为其应用"风格化"组中的"彩色浮雕"视频效果,设置"方向"为"90.0°"。使用关键帧为其添加起伏动画,设置00:00:00:00时刻"起伏"为"0.00",00:00:01:20时刻"起伏"为"30.00",参数设置如图8-29所示,效果如图8-30所示。

图8-29 "彩色浮雕"参数设置

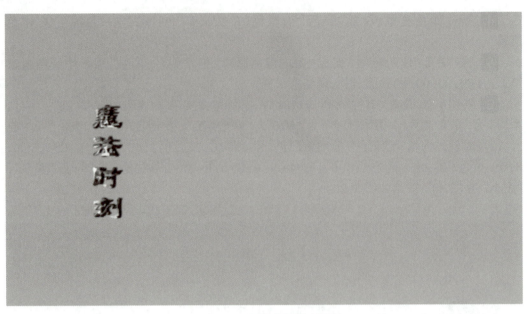

图 8-30 "彩色浮雕"效果

9. 将"玫瑰.jpg"拖动到视频轨道"V1"的 00:00:02:00 位置,取消勾选"等比缩放"复选框,设置"缩放高度"为"110.0","缩放宽度"为"133.0"。为其应用"颜色校正"组中的"通道混合器"视频效果,使用"自由绘制贝塞尔曲线"绘制花朵蒙版,设置"蒙版羽化"为"5.0","红色-绿色"为"40","红色-蓝色"为"16","红色-恒量"为"-55","绿色-绿色"为"0","蓝色-蓝色"为"0",参数设置如图 8-31 所示,蒙版和"通道混合器"效果如图 8-32 所示。

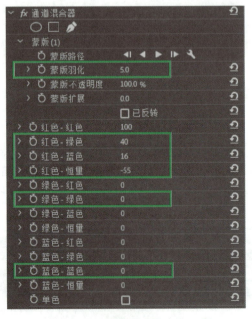

图 8-31 "通道混合器"参数设置

图 8-32 蒙版和"通道混合器"效果

10. 复制"玫瑰.jpg"到视频轨道"V1"的00：00：07：00位置,更改"通道混合器"参数中的"蓝色－蓝色"为"100",其余颜色参数均为"0"。

11. 复制"玫瑰.jpg"到视频轨道"V1"的00：00：12：00位置,清除"通道混合器"视频效果。

12. 新建字幕,设置"名称"为"红玫瑰花语",内容为"热爱着你","字体系列"为"华文行楷","字体大小"为"80.0",填充"颜色"为橙色(R：255,G：199,B：2),外描边"颜色"为黑色,适当调整位置与旋转,使之与白色区域吻合。

13. 基于当前字幕新建字幕,设置"名称"为"蓝玫瑰花语",更改文字内容为"清纯的爱"。

14. 基于当前字幕新建字幕,设置"名称"为"黄玫瑰花语",更改文字内容为"失去的爱"。

15. 依次将"红玫瑰花语""蓝玫瑰花语""黄玫瑰花语"拖动到视频轨道"V2"的00：00：02：00位置、00：00：07：00位置、00：00：12：00位置,并分别在3处字幕的开始位置添加"擦除"组中的"水波块"、"划像"组中的"交叉划像"和"圆划像"视频过渡,"持续时间"均设置为"00：00：02：00"。

16. 将"魔法棒.jpg"拖动到视频轨道"V3"的00：00：00：00位置,时长调整为17秒,设置"缩放"为"49.0","锚点"为"135.5,24.0"。为其应用"变换"组中的"裁剪"和"键控"组中的"颜色键"视频效果,设置"主要颜色"为白色(R：255,G：255,B：255),参数设置如图8-33所示。为其应用"变换"组中的"水平翻转"视频效果,适当调整位置,效果如图8-34所示。

17. 使用关键帧为"魔法棒.jpg"添加旋转动画,设置00：00：00：00时刻"旋转"为"-30.0°",00：00：01：00、00：00：02：00、00：00：06：06、00：00：07：00、00：00：11：06、00：00：12：00时刻"旋转"依次为"-51.0°""-1.0°""-51.0°""-1.0°""-51.0°""-1.0°",效果如图8-35所示。

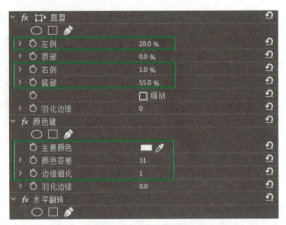

图 8-33　"裁剪"和"颜色键"参数设置

图 8-34　"裁剪"和"颜色键"效果

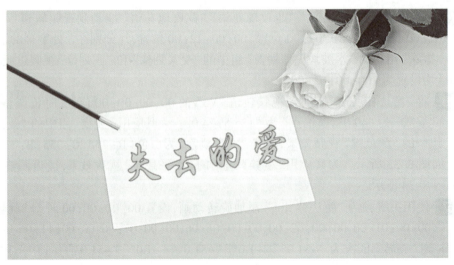

图 8-35　"旋转"效果

18. 将"橙色遮罩"拖动到视频轨道"V1"的 00∶00∶17∶00 位置,为其添加"溶解"组中的"黑场过渡"视频过渡,设置"持续时间"为"00∶00∶02∶00","对齐"为"中心切入"。

19. 将"找不同"拖动到视频轨道"V2"的 00∶00∶17∶00 位置。

20. 将"鱼.jpg"拖动到视频轨道"V3"的 00∶00∶18∶00 位置,设置"缩放"为"45.0","位置"为"157.0, 142.0"。调整结束位置,使其与视频轨道"V2"的字幕同时结束。

21. 将"鱼.jpg"复制到视频轨道"V4"的 00∶00∶18∶10 位置,设置"位置"为"157.0, 438.0"。调整结束位置,使其与视频轨道"V2"的字幕同时结束。为其应用"颜色校正"组中的"更改为颜色"视频效果,设置"自"为图片中的黄色,"至"为图片中的橙色,"更改方式"为"变换为颜色",参数设置如图 8-36 所示,效果如图 8-37 所示。

视频:调整图片局部颜色

图 8-36 "更改为颜色"参数设置

图 8-37 "更改为颜色"效果

22. 将"大海.jpg"拖动到视频轨道"V5"的 00∶00∶19∶00 位置,设置"缩放"为"55.0","位置"为"570.0, 144.0"。调整结束位置,使其与视频轨道"V2"的字幕同时结束。为其应用"过时"组中的"RGB 曲线"视频效果,参数设置如图 8-38 所示,效果如图 8-39 所示。

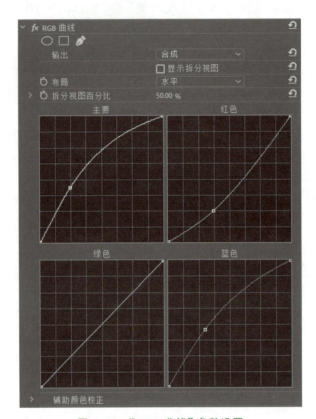

图 8-38　"RGB 曲线"参数设置

图 8-39　"RGB 曲线"效果

23. 将"大海.jpg"复制到视频轨道"V6"的00∶00∶19∶10位置,设置"位置"为"570.0,434.0"。调整结束位置,使其与视频轨道"V2"的字幕同时结束。为其应用"图像控制"组中的"颜色替换"视频效果,设置"相似性"为"24","目标颜色"为图像中海草颜色,"替换颜色"为墨绿色(R:2,G:89,B:41),参数设置如图8-40所示,效果如图8-41所示。

● 提示:

"RGB 曲线"参数设置不同,则此处的海草颜色调整不同。

图 8-40 "颜色替换"参数设置

图 8-41 "颜色替换"效果

24. 新建字幕,设置"名称"为"片尾",内容为"谢谢观赏","字体系列"为"华文琥珀","字符间距"为"20.0",垂直居中,水平居中,在文字右上角绘制心形,外描边"类型"为"深度","大小"为"5.0",效果如图8-42所示。

25. 将"片尾"拖动到视频轨道"V1"的00∶00∶22∶00位置,时长调整为3秒。

图 8-42　"片尾"效果

26. 将"背景音乐 .wav"拖动到音频轨道"A1"的 00：00：00：00 位置，截取 00：01：31：11—00：01：56：11 的音频片段，调整音频位置，使其与视频同时开始、同时结束。

27. 保存项目，导出视频。

8.2.1　通道混合器

"通道混合器"可以调整红、绿、蓝三个通道的参数，实现图像颜色调整，可以配合蒙版实现图像的局部颜色调整。"通道混合器"参数如图 8-43 所示。

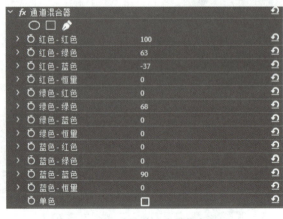

图片：使用
"通道混合器"
前后效果对比

图 8-43　"通道混合器"参数

1. 红色 – 红色、红色 – 绿色、红色 – 蓝色：设置红色通道与混合通道的混合参数。
2. 绿色 – 红色、绿色 – 绿色、绿色 – 蓝色：设置绿色通道与混合通道的混合参数。
3. 蓝色 – 红色、蓝色 – 绿色、蓝色 – 蓝色：设置蓝色通道与混合通道的混合参数。
4. 红色 – 恒量、绿色 – 恒量、蓝色 – 恒量：设置当前通道对其他两个通道的混合参数。
5. 单色：勾选该复选框后，将调整图像为黑白效果。

使用"通道混合器"前后效果对比如图 8-44 所示。

图 8-44 使用"通道混合器"前后效果对比

8.2.2 更改为颜色

"更改为颜色"可以将图像中的一种颜色转换为另一种颜色的色相、亮度和饱和度,可以配合蒙版实现图像的局部颜色调整。"更改为颜色"参数如图 8-45 所示。

图 8-45 "更改为颜色"参数

1. 自:设置图像中需要更改的颜色。

2. 至:设置更改后的颜色。

3. 更改:选择需要更改的图像属性。

4. 更改方式:设置颜色更改的方式。

5. 容差:设置色相、亮度、饱和度的容差。

6. 柔和度:设置更改后的颜色的柔和度。

7. 查看校正遮罩:勾选该复选框后,通过遮罩查看颜色的更改情况。

使用"更改为颜色"前后效果对比如图 8-46 所示。

图片:使用
"更改为颜色"
前后效果对比

图 8-46　使用"更改为颜色"前后效果对比

8.2.3　RGB 曲线

"RGB 曲线"可以调整亮度和红、绿、蓝 3 个通道的曲线,实现图像颜色调整,可以配合蒙版实现图像的局部颜色调整。"RGB 曲线"参数如图 8-47 所示。

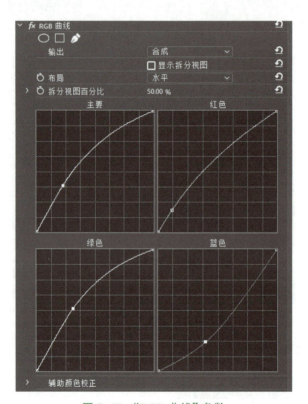

图 8-47　"RGB 曲线"参数

1. 输出:选择输出方式。
2. 显示拆分视图:勾选该复选框后,素材被拆分成调色前后两种显示效果。
3. 布局:设置拆分布局。
4. 拆分视图百分比:显示拆分视图时,设置调色后效果在素材中的占比。

5. 主要：调整所有通道的亮度和对比度。

6. 红色：调整红色通道的亮度和对比度。

7. 绿色：调整绿色通道的亮度和对比度。

8. 蓝色：调整蓝色通道的亮度和对比度。

9. 辅助颜色校正：通过色相、饱和度、亮度等进行辅助颜色校正。

使用"RGB 曲线"前后效果对比如图 8-48 所示。

图片：使用
"RGB 曲线"
前后效果对比

图 8-48　使用"RGB 曲线"前后效果对比

8.3　实践"探秘海底世界"

综合运用"图像控制"组、"过时"组和"颜色校正"组视频效果制作"探秘海底世界"，效果如图 8-49 所示。

图 8-49　"探秘海底世界"效果图

1. 新建项目,设置"名称"为"探秘海底世界","位置"为"8.3 探秘海底世界"。

2. 新建序列,"序列预设"选择"DV-PAL"中的"宽屏 48 kHz"。

3. 将素材文件夹中的所有素材导入到"项目"面板中。

4. 新建字幕,设置"名称"为"片头",内容为"探秘海底世界","字体大小"为"80.0","颜色"为蓝色(R: 15, G: 113, B: 213),外描边为黑色。

5. 将"项目:探秘海底世界"面板中的"大海 .jpg"拖动到"时间轴"面板中视频轨道"V1"的 00∶00∶00∶00 位置,适当调整缩放,使其占满整个屏幕。为其应用"图像控制"组中的"颜色平衡(RGB)"和"过时"组中的"亮度曲线"视频效果,并分别使用 4 点多边形蒙版绘制海水的蒙版,参数设置如图 8-50 和图 8-51 所示,效果如图 8-52 所示。

图 8-50　"颜色平衡(RGB)"参数设置

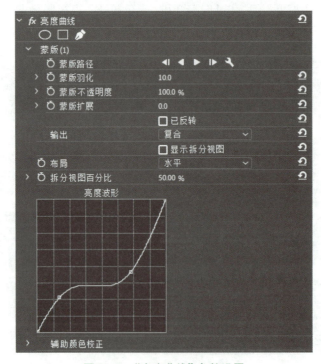

图 8-51　"亮度曲线"参数设置

图 8-52 "颜色平衡（RGB）"和"亮度曲线"效果

6. 将"片头"拖动到视频轨道"V2"的 00：00：00：00 位置，适当调整位置，使其在海平面上方。为其应用"扭曲"组中的"波形变形"视频效果，参数设置如图 8-53 所示。

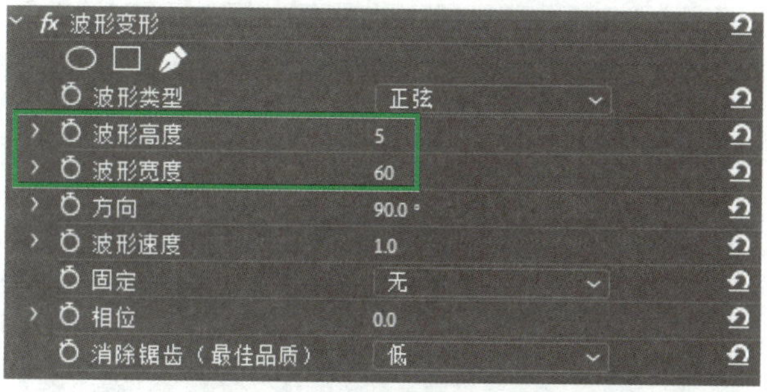

图 8-53 "波形变形"参数设置

7. 将"水母 .jpg"拖动到视频轨道"V1"的 00：00：05：00 位置，适当调整缩放，使其占满整个屏幕。为其应用"颜色校正"组中的"颜色平衡（HLS）"视频效果，参数设置如图 8-54 所示。

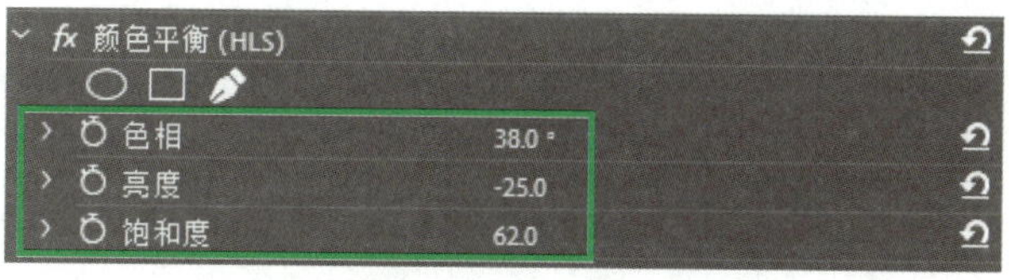

图 8-54 "颜色平衡（HLS）"参数设置

8. 将"小丑鱼 .jpg"拖动到视频轨道"V1"的 00：00：10：00 位置，适当调整缩放，使其占满整个屏幕。为其应用"图像控制"组中的"颜色替换"视频效果，使用"自由绘制贝塞尔曲线"绘制小丑鱼的蒙版，设置"目标颜色"为黑色（R：31，G：21，B：31），"替换颜色"为蓝色（R：0，G：0，B：255），参数设置如图 8-55 所示。

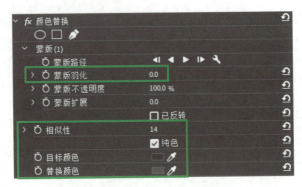

图 8-55　"颜色替换"参数设置

9. 将"海星 .jpg"拖动到视频轨道"V1"的 00：00：15：00 位置，适当调整缩放，使其占满整个屏幕。为其应用"颜色校正"组中的"更改为颜色"视频效果，设置"自"为黄色（R：254，G：209，B：13），"至"为橙色（R：226，G：135，B：17），参数设置如图 8-56 所示。

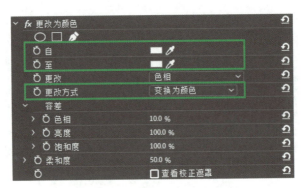

图 8-56　"更改为颜色"参数设置

10. 将"电鳐 .jpg"拖动到视频轨道"V1"的 00：00：20：00 位置，适当调整缩放，使其占满整个屏幕。为其应用"颜色校正"组中的"亮度与对比度"视频效果，设置"亮度"为"-49.0"，"对比度"为"31.0"，参数设置如图 8-57 所示，效果如图 8-58 所示。

图 8-57　"亮度与对比度"参数设置

图 8-58 "亮度与对比度"效果

11. 将"背景.jpg"拖动到视频轨道"V1"的00：00：25：00位置,适当调整缩放,使其占满整个屏幕。为其应用"颜色校正"组中的"色调"视频效果,设置"将黑色映射到"为白色（R：255,G：255,B：255）,"将白色映射到"为浅蓝色（R：0,G：78,B：255）,参数设置如图8-59所示。

图 8-59 "色调"参数设置

12. 将"海龟.jpg"拖动到视频轨道"V2"的00：00：25：00位置,时长调整为3秒,设置"缩放"为"40.0"。

13. 新建字幕,设置"名称"为"片尾",左侧内容为"再",右侧内容为"见","字体系列"为"隶书",外描边"类型"为"深度",效果如图8-60所示。

14. 将"片尾"拖动到视频轨道"V3"的00：00：27：00位置,时长调整为3秒。为其应用"扭曲"组中的"波形变形"视频效果,参数设置如图8-61所示。

15. 在视频轨道"V1"前5个图片素材之间添加适当的视频过渡,设置"持续时间"为"00：00：03：00","对齐"为"中心切入"。

16. 在"海龟.jpg"和"片尾"的开始位置添加"划像"组中的"圆划像"视频过渡,设置"持续时间"为"00：00：02：00"。

图 8-60 "片尾"效果

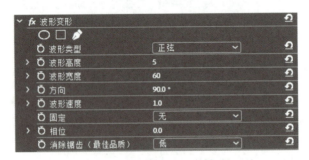

图 8-61 "波形变形"参数设置

17. 添加背景音乐,并截取适当的音频片段,音频与视频同时开始、同时结束。

18. 保存项目,导出视频。

第 9 章
音频效果处理

本章目录

示例:第 9 章

实例效果

9.1 实例"故宫"

 学习目标及要求

了解音频轨道状态。

熟练掌握音频效果关键帧的添加 / 移除。

掌握"减少混响"音频效果的应用。

熟练掌握"母带处理"音频效果的应用。

 学习内容及操作步骤

运用音频效果关键帧的添加 / 移除和"减少混响""母带处理"音频效果处理音频素材,配合视频效果和视频过渡制作"故宫"。

1. 新建项目,设置"名称"为"故宫","位置"为"9.1 故宫"。

2. 新建序列,"序列预设"选择"DV-PAL"中的"宽屏 48 kHz"。

3. 将素材文件夹中的所有素材导入到"项目"面板中。

4. 新建字幕,设置"名称"为"片头",内容为"故宫","字体系列"为"隶书","字体大小"为"200.0",垂直居中,水平居中。

5. 基于当前字幕新建字幕,设置"名称"为"片尾",更改文字内容为"我在故宫等你","字体大小"为"95.0",垂直居中,水平居中。

6. 将"背景音乐 .wav"拖动到音频轨道"A2",截取 00:00:33:00—00:01:23:00 的音频片段,调整音频位置,使其从 00:00:00:00 位置开始,适当调整轨道高度,显示"添加 - 移除关键帧"按钮,效果如图 9-1 所示。

图 9-1　调整音频轨道效果

7. 将时间线定位至 00:00:00:00 位置,在"效果控件"面板中设置"级别"为"−5.0 dB"。将时间线定位至 00:00:05:00 位置,单击音频轨道"A2"左侧的"添加 - 移除关键帧"按钮添加关键帧。使用相同方法在 00:00:45:00 位置和 00:00:50:00 位置添加关键帧,分别向下拖动第 1 处关键帧和第 4 处关键帧,调整音量级别。关键帧设置效果如图 9-2 所示。

视频:设置淡入淡出效果

图 9-2　关键帧设置效果

8. 将"故宫 .mp3"拖动到音频轨道"A1"的 00：00：05：00 位置,调整结束位置至 00：00：46：00 时刻。

9. 在"效果"面板中展开"音频效果",将"减少混响"音频效果拖动到音频轨道 "A1"中的"故宫 .mp3"上。

10. 为音频轨道"A1"上的"故宫 .mp3"应用"母带处理"音频效果,在"效果控件" 面板中单击"自定义设置"右侧的"编辑"按钮,打开"剪辑效果编辑器 – 母带处理"对话 框,"预设"选择"暖色音乐厅",参数设置如图 9-3 所示,关闭对话框。

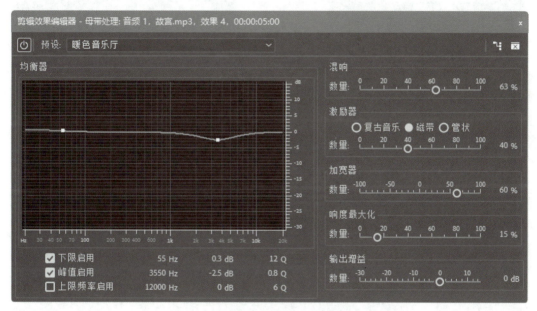

图 9-3　"剪辑效果编辑器 – 母带处理"参数设置

11. 将"片头"拖动到视频轨道"V1"的 00：00：00：00 位置,为其应用"扭曲"组中 的"旋转扭曲"视频效果。使用关键帧为其添加缩放和角度动画,设置 00：00：00：00 时 刻"缩放"为"0.0",00：00：02：00 时刻"角度"为"720°",00：00：04：00 时刻"缩放"为 "100.0","角度"为"0.0°"。

12. 将"故宫 1.jpg"拖动到视频轨道"V1"的 00：00：05：00 位置,设置"缩放"为 "105.0",时长调整为 10 秒。为其应用"颜色校正"组中的"颜色平衡（HLS）"视频效果, 参数设置如图 9-4 所示。

13. 选中"故宫 2.jpg""故宫 3.jpg""故宫 4.jpg""故宫 5.jpg""故宫 6.jpg",将时间线 定位至 00：00：15：00 位置,单击"自动匹配序列"按钮,将素材依次添加到视频轨道"V1" 上,设置"缩放"均为"105.0"。

14. 为"故宫 4.jpg"应用"风格化"组中的"粗糙边缘"视频效果,参数设置如图 9-5 所示,效果如图 9-6 所示。

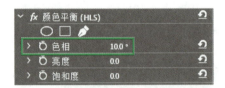

图 9-4　"颜色平衡(HLS)"参数设置

图 9-5　"粗糙边缘"参数设置

图 9-6　"粗糙边缘"效果

15. 为"故宫 5.jpg"应用"生成"组中的"镜头光晕"视频效果,参数设置如图 9-7 所示。

16. 将"故宫 7.jpg"拖动到视频轨道"V1"的"故宫 6.jpg"之后,设置"缩放"为"105.0",调整结束位置至 00：00：45：00 时刻。为其应用"模糊与锐化"组中的"锐化"视频效果,使用关键帧为其添加锐化量动

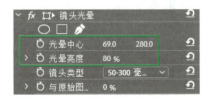

图 9-7　"镜头光晕"参数设置

画,设置00:00:35:05时刻"锐化量"为"0",00:00:43:00时刻"锐化量"为"100"。

17. 将"片尾"拖动到视频轨道"V1"的00:00:45:00位置,为其应用"风格化"组中的"Alpha发光"视频效果,设置"起始颜色"为红色(R:205,G:6,B:6),"结束颜色"为橙色(R:255,G:144,B:0),参数设置如图9-8所示,效果如图9-9所示。

图9-8 "Alpha发光"参数设置

图9-9 "Alpha发光"效果

18. 为视频轨道"V1"中的图片添加"擦除"组中的视频过渡,在"片头"和"故宫1.jpg"之间添加"划出"视频过渡;在"故宫1.jpg"和"故宫2.jpg"之间添加"双侧平推门"视频过渡;在"故宫6.jpg"和"故宫7.jpg"之间添加"棋盘"视频过渡;在"故宫7.jpg"和"片尾"之间添加"棋盘擦除"视频过渡。

19. 保存项目,导出视频。

9.1.1 音频轨道状态控制

"音频轨道状态控制"可以控制当前音频轨道的状态。音频轨道状态如图9-10所示。

1. 静音轨道:单击该按钮,则将当前音频轨道素材设置为静音。

2. 独奏轨道：单击该按钮，则只播放当前音频轨道素材，其他音频轨道素材为静音。

3. 画外音录制：单击该按钮，则将外部音频信号录制到当前轨道。

图 9-10 音频轨道状态

图 9-11 "剪辑关键帧"设置方式

9.1.2 剪辑关键帧

"剪辑关键帧"可以通过设置不同参数值来制作动画，让音频特效在指定时间发生。单击音频轨道左侧的"显示关键帧"按钮，即可在弹出的快捷菜单中设置"剪辑关键帧"，如图 9-11 所示。

9.1.3 添加或移除关键帧

添加或移除关键帧，可以修改音频效果，添加或移除关键帧的常用方法有 2 种。

1. 在音频轨道添加或移除关键帧

选择音频轨道上的素材，将时间线定位到某一位置，单击"添加 - 移除关键帧"按钮，若该位置无关键帧，则添加关键帧；若该位置有关键帧，则将该关键帧移除。

2. 在"效果控件"面板添加或移除关键帧

（1）选中音频轨道上的素材，单击"效果控件"面板中的"添加 / 移除关键帧"按钮，若该位置无关键帧，则添加关键帧；若该位置有关键帧，则将该关键帧移除。

（2）选中音频轨道上的素材，单击"效果控件"面板中的"切换动画"按钮，若该素材无关键帧，则在时间线位置上添加关键帧；若该素材有关键帧，则将所有关键帧移除。

9.1.4 减少混响

"减少混响"可以减弱音频中的混响效果。"减少混响"参数如图 9-12 所示。

图 9-12 "减少混响"参数

1. 旁路：勾选该复选框后，则关闭音频效果。

2. 自定义设置：单击右侧的"编辑"按钮即可打开"剪辑效果编辑器 – 减少混响"对话框，如图 9–13 所示。在"预设"下拉列表中，可以选择系统预设的减少混响效果。

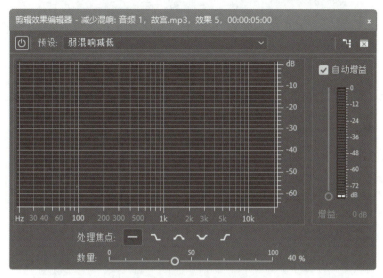

图 9–13 "剪辑效果编辑器 – 减少混响"对话框

3. 数量：设置混响减弱的程度，取值从 0.0% 到 100.0%。

4. 补充增益：调整处理后的音频信号。

9.1.5 母带处理

"母带处理"可以对音频进行一系列的调整，如 EQ、混响、激励等。"母带处理"参数如图 9–14 所示。

1. 旁路：勾选该复选框后，则关闭音频效果。

2. 自定义设置：单击右侧的"编辑"按钮即可打开"剪辑效果编辑器 – 母带处理"对话框，如图 9–15 所示。在"预设"下拉列表中，可以选择系统预设的母带处理效果。

3. EQ 频段频率：图形均衡器可调整的音频频率。

4. EQ 频段增益：为对应频段设置增强或减弱值。

5. EQ 频段 Q：调整受影响的频率范围，取值介于 0.2 到 12.0 之间。

6. 混响量：设置混响声音占未处理声音的比率。

7. 加宽器宽度：调整立体声声像。

8. 激励器数量：调整处理的电平值。

9. 响度最大化数量：调整动态范围的限制器，保证音乐动态与响度最大化的平衡。

10. 输出增益：设置母带处理后的输出增益。

11. EQ 频段启用：设置是否启用对应的 EQ 频段。

12. 激励器模式：有"管状""磁带"和"复古音乐"3 种，模式不同则调整方式不同。

图 9-14 "母带处理"参数

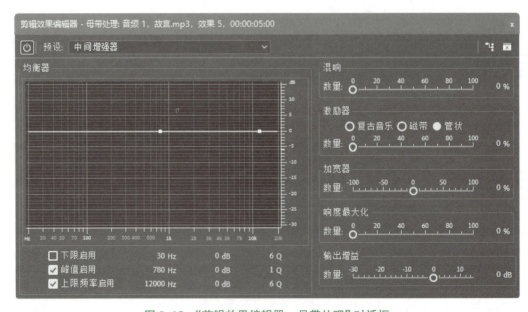

图 9-15 "剪辑效果编辑器 – 母带处理"对话框

9.2 实例"诗朗诵"

 学习目标及要求

掌握"增幅"音频效果的应用。

熟练掌握"室内混响"音频效果的应用。

熟练掌握"音高换挡器"音频效果的应用。

熟练掌握"模拟延迟"音频效果的应用。

 学习内容及操作步骤

运用"室内混响""音高换挡器""模拟延迟""增幅"音频效果处理音频素材,配合视频效果和视频过渡制作"诗朗诵"。

1. 新建项目,设置"名称"为"诗朗诵","位置"为"9.2 诗朗诵"。

2. 新建序列,"序列预设"选择"DV-PAL"中的"宽屏 48 kHz"。

3. 将素材文件夹中的所有素材导入到"项目"面板中。

4. 新建颜色遮罩,设置"颜色"为蓝色(R:0,G:158,B:197),"名称"为"蓝色遮罩"。

5. 新建字幕,设置"名称"为"片头",内容为"水调歌头.明月几时有","字体系列"为"华文彩云","字体大小"为"70.0","颜色"为黄色(R:255,G:255,B:0),外描边"类型"为"深度","大小"为"20.0",垂直居中,水平居中。

6. 将"项目:诗朗诵"面板中的"水调歌头.明月几时有.mp3"拖动到"时间轴"面板中音频轨道"A1"的 00:00:00:00 位置,调整结束位置至 00:01:22:00 时刻。

7. 为音频轨道"A1"上的"水调歌头.明月几时有.mp3"应用"室内混响"音频效果,单击"自定义设置"右侧的"编辑"按钮,打开"剪辑效果编辑器 – 室内混响"对话框,"预设"选择"大厅",参数设置如图 9-16 所示,关闭对话框。

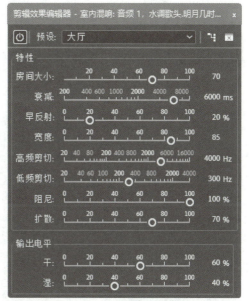

图 9-16 "剪辑效果编辑器 – 室内混响"参数设置

8. 选择"剃刀工具",将"水调歌头．明月几时有．mp3"分割成 3 段,分割位置分别为 00：00：08：12 时刻和 00：01：11：22 时刻。

9. 为音频轨道"A1"上的第 1 段音频应用"音高换挡器"音频效果,单击"自定义设置"右侧的"编辑"按钮,打开"剪辑效果编辑器 – 音高换挡器"对话框,调整"半音阶"为"5","精度"选择"中等精度",参数设置如图 9–17 所示,关闭对话框。

视频：实现
变音效果

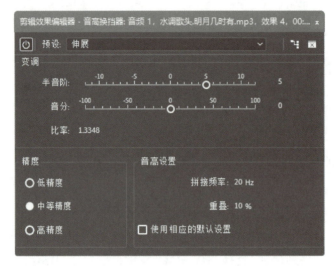

图 9–17　"剪辑效果编辑器 – 音高换挡器"参数设置

10. 为音频轨道"A1"上的第 3 段音频应用"模拟延迟"音频效果,单击"自定义设置"右侧的"编辑"按钮,打开"剪辑效果编辑器 – 模拟延迟"对话框,"预设"选择"啫喱电话",参数设置如图 9–18 所示,关闭对话框。

11. 为音频轨道"A1"上的第 3 段音频应用"增幅"音频效果,单击"自定义设置"右侧的"编辑"按钮,打开"剪辑效果编辑器 – 增幅"对话框,"预设"选择"+3dB 提升",参数设置如图 9–19 所示,关闭对话框。

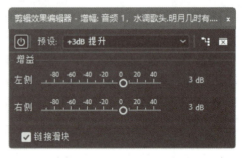

图 9–18　"剪辑效果编辑器 – 模拟延迟"参数设置　　图 9–19　"剪辑效果编辑器 – 增幅"参数设置

12. 将"蓝色遮罩"拖动到视频轨道"V1"的00：00：00：00位置，调整结束位置，使其与音频轨道"A1"上的第1段音频同时结束。

13. 将"片头"拖动到视频轨道"V2"的00：00：00：00位置，调整结束位置，使其与音频轨道"A1"上的第1段音频同时结束。为其应用"风格化"组中的"Alpha发光"和"扭曲"组中的"球面化"视频效果，设置"球面化"视频效果的"半径"为"120.0"。使用关键帧为其添加球面中心动画，设置00：00：00：00时刻"球面中心"为"−20.0，288.0"，00：00：08：12时刻"球面中心"为"706.0，288.0"，效果如图9-20所示。

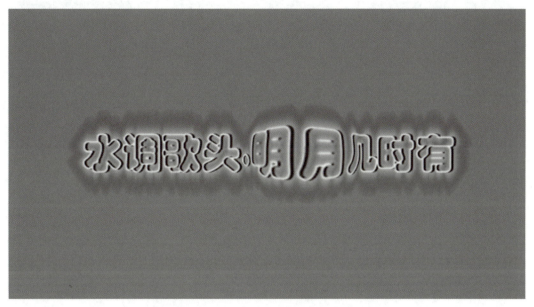

图 9-20 "Alpha 发光"和"球面化"效果

14. 依次将"1-4.avi""5-7.avi""8-9.avi"拖动到视频轨道"V2"的"片头"之后。

15. 将"10-15.jpg"拖动到视频轨道"V2"的"8-9.avi"之后，调整结束位置，使其与音频轨道"A1"的第15句古诗同时结束（参考位置为00：00：56：10时刻），适当调整缩放，使其占满整个屏幕。使用关键帧为其添加不透明度动画，设置00：00：43：06时刻"不透明度"为"30.0%"，00：00：52：00时刻"不透明度"为"100.0%"。

16. 将"16-18.avi"拖动到视频轨道"V2"的"10-15.jpg"之后。

17. 将"19-20.jpg"拖动到视频轨道"V2"的"16-18.avi"之后，调整结束位置至00：01：22：00时刻，适当调整缩放，使其占满整个屏幕。为其应用"生成"组中的"镜头光晕"视频效果。使用关键帧为其添加光晕中心和光晕亮度动画，设置00：01：08：08时刻"光晕中心"为"645.0，103.0"，"光晕亮度"为"76%"，00：01：15：00时刻"光晕中心"为"459.0，647.0"，"光晕亮度"为"100%"，效果如图9-21所示。

18. 在视频轨道"V2"的素材之间添加不同的视频过渡。

19. 删除音频轨道"A2"的所有内容。

20. 保存项目，导出视频。

图 9-21　"镜头光晕"效果

9.2.1　模拟延迟

"模拟延迟"可以设置回声效果,可以模拟老式延迟装置的声音暖度与自然度。"模拟延迟"参数如图 9-22 所示。

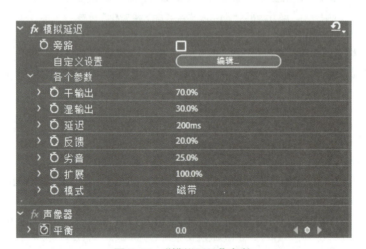

图 9-22　"模拟延迟"参数

1. 旁路:勾选该复选框后,则关闭音频效果。
2. 自定义设置:单击右侧的"编辑"按钮即可打开"剪辑效果编辑器 – 模拟延迟"对话框,如图 9-23 所示。在"预设"下拉列表中,可以选择系统预设的回声效果。

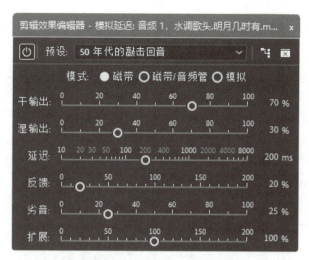

图 9-23　"剪辑效果编辑器 - 模拟延迟"对话框

3. 干输出：设置未处理音频的输出音效百分比。

4. 湿输出：设置模拟延迟后音频的输出音效百分比。

5. 延迟：设置延迟的时间长短,若要创建不连续的回声效果,延迟时长可以设为 35 毫秒以上。

6. 反馈：设置延迟音频的音量。

7. 劣音：增加扭曲并提高低频,从而增加温暖度。

8. 扩展：延迟音频的宽度。

9. 模式：模拟装置的模拟类型。

10. 平衡：设置左右声道的音效。

9.2.2　音高换挡器

"音高换挡器"可以更改音调,设置变调效果。"音高换挡器"参数如图 9-24 所示。

图 9-24　"音高换挡器"参数

1. 旁路：勾选该复选框后,则关闭音频效果。

2. 自定义设置：单击右侧的"编辑"按钮即可打开"剪辑效果编辑器 - 音高换挡器"对话框,如图 9-25 所示。在"预设"下拉列表中,可以选择系统预设的变调效果。

3. 变调比率：设置音调的变化,取值介于 0.5 到 2.0 之间。取值为 1.0 时,音调无变化;取值小于 1.0 时,音调变低;取值大于 1.0 时,音调变高。

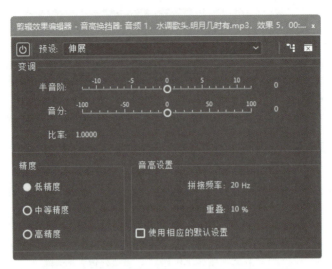

图 9-25 "剪辑效果编辑器 – 音高换挡器"对话框

9.2.3 室内混响

"室内混响"可以模拟声音在房间中传播时产生的混响效果。"室内混响"参数如图 9-26 所示。

图 9-26 "室内混响"参数

1. 旁路：勾选该复选框后，则关闭音频效果。

2. 自定义设置：单击右侧的"编辑"按钮即可打开"剪辑效果编辑器 – 室内混响"对话框，如图 9-27 所示。在"预设"下拉列表中，可以选择系统预设的室内混响效果。

3. 低频剪切：设置室内混响的最低频率。

4. 高频剪切：设置室内混响的最高频率。

5. 宽度：设置产生的混响信号的声道效果。

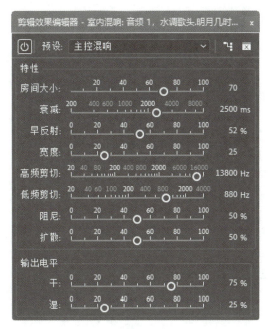

图 9-27 "剪辑效果编辑器 - 室内混响"对话框

6. 扩散：设置混响效果中的回声。取值越小，回声越多；取值越大，回声越少。

7. 阻尼：调整随时间应用于高频混响信号的衰减量。较高百分比可创造更高阻尼，实现更温暖的混响音调。

8. 衰减：设置混响的衰减程度。

9. 早反射：设置耳朵对空间大小的听觉差别。

10. 干输出电平：设置未处理音频的输出音效百分比。

11. 湿输出电平：设置室内混响后音频的输出音效百分比。

9.2.4 增幅

"增幅"可以更改音频信号的强弱。"增幅"参数如图 9-28 所示。

图 9-28 "增幅"参数

1. 旁路：勾选该复选框后，则关闭音频效果。

2. 自定义设置：单击右侧的"编辑"按钮即可打开"剪辑效果编辑器 - 增幅"对话框，如图 9-29 所示。在"预设"下拉列表中，可以选择系统预设的增幅效果。

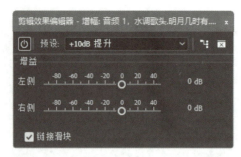

图 9-29 "剪辑效果编辑器 - 增幅"对话框

3. 左侧：更改左声道信号的强弱。

4. 右侧：更改右声道信号的强弱。

9.3 实践"妈妈寄语"

综合运用音频效果，配合视频效果和视频过渡制作"妈妈寄语"。

1. 新建项目，设置"名称"为"妈妈寄语"，"位置"为"9.3 妈妈寄语"。

2. 新建序列，"序列预设"选择"DV-PAL"中的"宽屏 48 kHz"。

3. 将素材文件夹中的所有素材导入到"项目"面板中。

4. 新建字幕，设置"名称"为"片尾"，内容为"未来可期，加油！"，"字体系列"为"华文行楷"，"字体大小"为"70.0"，"颜色"为绿色（R：15，G：213，B：113），外描边"大小"为"20.0"，"颜色"为白色（R：255，G：255，B：255），垂直居中，水平居中。

5. 将"项目：妈妈寄语"面板中的"母亲寄语 .mp3"拖动到音频轨道"A1"的 00：00：02：00 位置，为其应用"减少混响"音频效果。

6. 将时间线定位至 00：00：03：00 位置，使用"波纹编辑工具"调整"母亲寄语 .mp3"的开始位置至 00：00：03：00 位置，结束位置至 00：00：38：00 位置。

7. 使用"剃刀工具"分割"母亲寄语 .mp3"，分割位置分别为女儿的语句起始位置（参考位置为 00：00：13：05 时刻）和结束位置（参考位置为 00：00：19：00 时刻），以及语句"加油！"之前（参考位置为 00：00：36：18 时刻）。

8. 为音频轨道"A1"的第 2 段音频应用"音高换挡器"音频效果，参数设置如图 9-30 所示。

9. 为音频轨道"A1"的第 4 段音频应用"模拟延迟"音频效果。

10. 将"背景音乐 .wav"拖动到音频轨道"A2"的 00：00：00：00 位置，调整结束位置至 00：00：40：00 时刻。将时间线定位至 00：00：37：00 位置，单击音频轨道"A2"左侧的"添加 - 移除关键帧"按钮添加关键帧。使用相同方法在 00：00：40：00 位置添加关键帧，向下拖动第 2 个关键帧，调整音量级别，关键帧设置效果如图 9-31 所示。

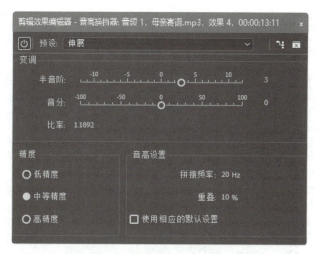

图 9-30 "音高换挡器"参数设置

图 9-31 关键帧设置效果

11. 将"祝福 .jpg"拖动到视频轨道"V1"的 00∶00∶00∶00 位置,时长调整为 2 秒,设置"缩放"为"84.0"。为其应用"键控"组中的"颜色键"视频效果,设置"主要颜色"为白色(R∶255,G∶255,B∶255),"颜色容差"为"65","边缘细化"为"1"。再次应用"键控"组中的"颜色键"视频效果,使用 4 点多边形蒙版绘制"YOU"区域的蒙版,设置"主要颜色"为倒影颜色(R∶224,G∶208,B∶208),参数设置如图 9-32 所示。4 点多边形蒙版及"颜色键"效果如图 9-33 所示。

图 9-32 "颜色键"参数设置

图 9-33　4 点多边形蒙版及 "颜色键" 效果

12. 使用关键帧为 "祝福 .jpg" 添加旋转动画，设置 00：00：00：00 时刻 "旋转"
为 "0.0°"，00：00：00：12 时刻 "旋转" 为 "10.0°"，00：00：01：00 时刻 "旋转" 为 "0.0°"，
00：00：01：12 时刻 "旋转" 为 "-10.0°"，00：00：02：00 时刻 "旋转" 为 "0.0°"。

13. 将 "温情 .jpg" 拖动到视频轨道 "V1" 的 00：00：02：00 位置，适当调整缩放，使其
占满整个屏幕。为其应用 "沉浸式视频" 组中的 "VR 发光" 视频效果，参数设置如图 9-34
所示。

14. 将 "亲子时光 .jpg" 拖动到视频轨道 "V1" 的 00：00：07：00 位置，取消勾选 "等比
缩放" 复选框，设置 "缩放高度" 为 "85.0"，"缩放宽度" 为 "103.0"。为其应用 "视频" 组中
的 "简单文本" 视频效果，单击 "编辑文本" 按钮，修改文本内容为 "亲子时光"，调整文本位
置，使其位于画面左上角，参数设置如图 9-35 所示。

图 9-34　"VR 发光" 参数设置

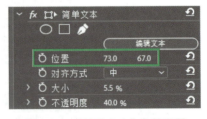

图 9-35　"简单文本" 参数设置

15. 将 "起跑 .jpg" 拖动到视频轨道 "V1" 的 00：00：12：00 位置，适当调整缩放，使
其占满整个屏幕。

16. 将 "学习 .jpg" 拖动到视频轨道 "V1" 的 00：00：17：00 位置，适当调整缩放，使其

占满整个屏幕。为其应用"颜色校正"组中的"更改颜色"视频效果,参数设置如图9-36所示,效果如图9-37所示。

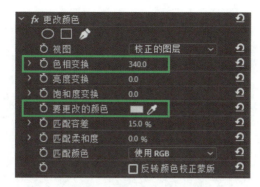

图 9-36 "更改颜色"参数设置

图 9-37 "更改颜色"效果

17. 将"小学毕业.jpg"拖动到视频轨道"V1"的00:00:22:00位置,适当调整缩放,使其占满整个屏幕,为其应用"沉浸式视频"组中的"VR降噪"视频效果。

18. 将"携手前进.jpg"拖动到视频轨道"V1"的00:00:27:00位置,适当调整缩放,使其占满整个屏幕,调整结束位置至00:00:40:00时刻。为其应用"生成"组中的"镜头光晕"视频效果,使用关键帧为其添加光晕中心动画,设置00:00:27:00时刻"光晕中心"为"145.0,104.0",00:00:33:00时刻"光晕中心"为"399.0,18.0",00:00:39:00时刻"光晕中心"为"722.0,100.0"。

19. 将"片尾"拖动到视频轨道"V2"的00:00:35:00位置,设置"位置"为"360.0,

500.0"。为其应用"过渡"组中的"径向擦除"视频效果,设置"起始角度"为"90.0°","擦除"选择"两者兼有"。使用关键帧为其添加过渡完成动画,设置 00:00:35:00 时刻"过渡完成"为"100%",00:00:39:00 时刻"过渡完成"为"0%",效果如图 9-38 所示。

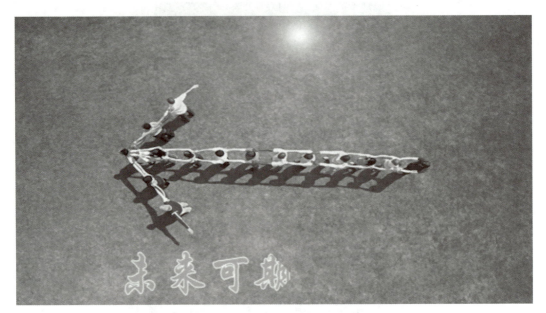

图 9-38　"径向擦除"效果

20. 依次在视频轨道"V1"的第 2—7 个素材之间添加"滑动"组中的视频过渡,对齐均为"中心切入"。

21. 保存项目,导出视频。

第 10 章

综合实例

本章目录

示例：第 10 章

实例效果

10.1 实例"绿色环保"

综合运用所学知识制作"绿色环保",效果图如图 10-1 所示。

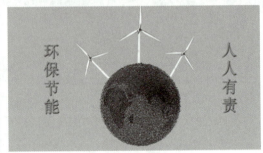

图 10-1 "绿色环保"效果图

1. 新建项目,设置"名称"为"绿色环保","位置"为"10.1 绿色环保"。
2. 新建序列,"序列预设"选择"DV-PAL"中的"宽屏 48 kHz"。
3. 将素材文件夹中的所有素材导入到"项目"面板中。

● 提示:

"风车 .psd"导入"图层 1"和"图层 2";"树 .psd"导入"树干""树叶 1"和"树叶 2"。

4. 新建字幕,设置"名称"为"片头",内容为"绿色环保",旧版标题样式为"Arial Black blue gradient","字体系列"为"汉仪海韵体简","字体大小"为"110.0","字符间距"为"10.0",外描边为黑色,垂直居中,水平居中。

5. 将"背景 .jpg"拖动到视频轨道"V1"的 00∶00∶00∶00 位置,设置"缩放"为"140.0",将"片头"拖动到视频轨道"V2"的 00∶00∶00∶00 位置,均调整结束位置至 00∶00∶06∶00 位置。

6. 为"片头"应用"彩色浮雕"视频效果,参数保持默认。

7. 在"片头"开始位置添加"拆分"视频过渡,设置"持续时间"为"00:00:02:00",勾选"反向"复选框。

8. 将"热气球.png"拖动到视频轨道"V3"的00:00:03:00位置,设置"缩放"为"120.0"。使用关键帧为其添加位置动画,设置00:00:03:00时刻"位置"为"–53.0,352.0",00:00:06:00时刻"位置"为"90.0,232.0"。

9. 将"纸飞机.png"拖动到视频轨道"V4"的00:00:03:00位置,设置"缩放"为"60.0",调整结束位置至00:00:06:00位置,应用"颜色平衡(HLS)"视频效果调整纸飞机的颜色。

10. 使用关键帧为"纸飞机.png"添加位置和旋转动画,设置00:00:03:00时刻"位置"为"814.0,105.0","旋转"为"–45.0°";00:00:04:00时刻"位置"为"535.0,289.0","旋转"为"–36.0°";00:00:05:00时刻"位置"为"163.0,112.0","旋转"为"–8.0°";00:00:06:00时刻"位置"为"–80.0,215.0","旋转"为"–36.5°"。

11. 新建序列,设置"名称"为"大树","序列预设"选择"DV-PAL"中的"宽屏48 kHz"。

12. 新建颜色遮罩,设置"颜色"为浅灰色(R:203,G:200,B:200),"名称"保持默认。

13. 将"颜色遮罩"拖动到视频轨道"V1"的00:00:00:00位置,将"树干/树.psd"拖动到视频轨道"V2"的00:00:00:00位置,将"树叶1/树.psd"拖动到视频轨道"V3"的00:00:02:00位置,将"树叶2/树.psd"拖动到视频轨道"V4"的00:00:02:00位置,均调整结束位置至00:00:08:00位置。

14. 使用关键帧为"树干/树.psd"添加位置和缩放动画,设置00:00:00:00时刻"位置"为"360.0,542.0","缩放"为"10.0";00:00:02:00时刻"位置"为"360.0,288.0","缩放"为"100.0"。

15. 使用关键帧为"树叶1/树.psd"添加不透明度动画,设置00:00:02:00时刻"不透明度"为"0.0%",00:00:04:00时刻"不透明度"为"100.0%",00:00:06:00时刻"不透明度"为"0.0%"。

16. 使用关键帧为"树叶2/树.psd"添加不透明度动画,设置00:00:04:00时刻"不透明度"为"0.0%",00:00:06:00时刻"不透明度"为"100.0%",隐藏视频轨道"V1"。

17. 关闭"大树"序列,返回"序列01"序列。

18. 将"颜色遮罩"拖动到视频轨道"V1"的00:00:06:00位置,时长调整为13秒。

19. 将"房子.jpg"拖动到视频轨道"V2"的00:00:06:00位置,时长调整为8秒,为其应用"颜色键"视频效果去除背景颜色,适当调整缩放和位置。

20. 将"大树"序列拖动到视频轨道"V3"的00:00:06:00位置,适当调整位置。

21. 将"骑车.jpg"拖动到视频轨道"V4"的00:00:09:00位置,设置"缩放"为"30.0",为其应用"非红色键"视频效果去除背景颜色,再为其应用"水平翻转"视频效果。

22. 使用关键帧为"骑车.jpg"添加位置动画,设置00:00:09:00时刻"位置"为"827.0,425.0",00:00:12:00时刻"位置"为"392.0,425.0"。

23. 新建字幕,设置"名称"为"出行",输入垂直文字,内容为"绿色出行","字体系列"为"华文中宋","字体大小"为"50.0","字符间距"为"10.0",填充"颜色"为绿色(R:0,G:255,B:0),外描边为黑色。

24. 将"出行"拖动到视频轨道"V5"的 00:00:12:00 位置,时长调整为 2 秒。

25. 新建序列,设置"名称"为"大风车","序列预设"选择"DV-PAL"中的"宽屏48 kHz"。

26. 将"图层 1/风车 .psd"拖动到视频轨道"V1"的 00:00:00:00 位置,将"图层 2/风车 .psd"拖动到视频轨道"V2"的 00:00:00:00 位置。

27. 使用关键帧为"图层 2/风车 .psd"添加旋转动画,先将锚点拖动至风车轴的中心位置,设置 00:00:00:00 时刻"旋转"为"0.0°",00:00:04:24 时刻"旋转"为"720.0°"。

28. 关闭"大风车"序列,返回"序列 01"序列。

29. 将"地球 .png"拖动到视频轨道"V5"的 00:00:14:00 位置,设置"位置"为"371.5,383.8"。

30. 将"大风车"序列拖动到视频轨道"V2"的 00:00:14:00 位置,设置"位置"为"372.5,155.0"。

31. 将"大风车"序列分别复制到视频轨道"V3"和"V4"的 00:00:14:00 位置,适当调整位置和旋转。

32. 新建字幕,设置"名称"为"片尾",输入垂直文字,左侧内容为"环保节能",右侧内容为"人人有责","字体系列"为"华文中宋","字体大小"为"50.0","字符间距"为"10.0",填充"颜色"为绿色(R:0,G:255,B:0),外描边为黑色。

33. 将"片尾"拖动到视频轨道"V6"的 00:00:14:00 位置,在其开始位置添加"交叉划像"视频过渡,设置"持续时间"为"00:00:03:00"。

34. 删除所有的音频轨道内容,添加背景音乐,并截取适当的音频片段,音频与视频同时开始、同时结束。

35. 保存项目,导出视频。

10.2　实例"茶艺"

综合运用所学知识制作"茶艺",效果图如图 10-2 所示。

1. 新建项目,设置"名称"为"茶艺","位置"为"10.2 茶艺"。

2. 新建序列,"序列预设"选择"DV-PAL"中的"宽屏 48 kHz"。

3. 将素材文件夹中的所有素材("品茶"文件夹除外)导入到"项目"面板中。

4. 将"背景 .jpg"拖动到视频轨道"V1"的 00:00:00:00 位置,设置"缩放"为"135.0",应用"更改为颜色"视频效果调整背景颜色。

图 10-2 "茶艺"效果图

● 提示：

设置为绿色，更改选择"色相和饱和度"。

5. 将"茶壶.jpg"拖动到视频轨道"V2"的 00：00：00：00 位置，使用"自由绘制贝塞尔曲线"沿茶壶的边缘绘制蒙版，去除茶壶背景，并调整曲线直到满意为止，适当调整茶壶位置和缩放。

6. 将"茶杯.png"拖动到视频轨道"V3"的 00：00：00：00 位置，适当调整其位置和缩放。

7. 应用"快速颜色校正器"视频效果分别调整茶壶和茶杯颜色。

8. 使用关键帧为茶壶和茶杯添加位置动画，茶壶从右侧进入画面，茶杯从下方进入画面。

9. 新建字幕，设置"名称"为"片头"，内容为"茶艺"，"字体系列"为"汉仪柏青体繁"，"字体大小"为"180.0"，填充"颜色"为黑色。

10. 将"片头"拖动到视频轨道"V4"的 00：00：00：00 位置，并为其应用"径向阴影"视频效果，适当调整参数。

11. 为"片头"应用"偏移"视频效果，使用关键帧为其添加"中心移位至"动画，设置 00：00：00：00 时刻"将中心移位至"为"360.0，288.0"，00：00：04：00 时刻"将中心移位至"为"1060.0，288.0"。

12. 将"茶.jpg"拖动到视频轨道"V2"的 00：00：05：00 位置，设置"位置"为"360.0，164.8"，"缩放高度"为"100.0"，"缩放宽度"为"132.0"。

13. 将"茶.jpg"拖动到视频轨道"V1"的 00∶00∶05∶00 位置,为其应用"垂直翻转"视频效果,设置"位置"为"359.0, 687.5","缩放高度"为"100.0","缩放宽度"为"132.0","不透明度"为"60.0%"。

14. 为视频轨道"V1"上的"茶.jpg"应用"边角定位"视频效果,适当调整角点位置,得到倾斜的倒影效果,参数设置如图 10-3 所示。

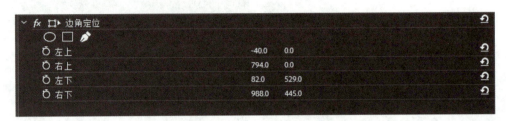

图 10-3 "边角定位"参数设置

15. 将"茶木刻.jpg"拖动到视频轨道"V3"的 00∶00∶05∶00 位置,设置"位置"为"168.0, 271.5","缩放"为"85.5",应用"颜色键"视频效果去除背景。

16. 为"茶木刻.jpg"应用"斜面 Alpha"视频效果,设置"边缘厚度"为"3.00"。

17. 为"茶木刻.jpg"应用"基本 3D"视频效果,使用关键帧为其添加旋转动画,设置 00∶00∶05∶00 时刻"旋转"为"0.0°",00∶00∶08∶00 时刻"旋转"为"360.0°"。

18. 新建序列,设置"名称"为"工艺","序列预设"选择"DV-PAL"中的"宽屏 48 kHz"。

19. 依次将"采摘 1.jpg"……"包装 6.jpg"拖动到视频轨道"V1"—"V6"的 00∶00∶00∶00 位置,将"蒙版.jpg"拖动到视频轨道"V7"的 00∶00∶00∶00 位置,设置"缩放"为"150.0"。

20. 分别为"采摘 1.jpg"……"包装 6.jpg"应用"轨道遮罩键"视频效果,"遮罩"均选择"视频 7","合成方式"均选择"亮度遮罩"。

21. 适当调整"采摘 1.jpg"……"包装 6.jpg"的缩放和位置。

22. 使用关键帧为"蒙版.jpg"添加缩放动画,设置 00∶00∶00∶00 时刻"缩放"为"0.0",00∶00∶04∶00 时刻"缩放"为"150.0"。

23. 关闭"工艺"序列,返回"序列 01"序列。

24. 将"工艺"序列拖动到视频轨道"V1"的 00∶00∶10∶00 位置。

25. 新建字幕,设置"名称"为"制作工艺",输入垂直文字,内容为"制茶工艺",旧版标题样式为"Arial Black silver","字体系列"为"隶书","字体大小"为"50.0","字幕类型"选择"滚动",勾选"开始于屏幕外"复选框。

26. 将"制作工艺"拖动到视频轨道"V2"的 00∶00∶10∶00 位置。

27. 导入"品茶"文件夹中的"图 1.jpg"……"图 9.jpg"。

28. 在"项目∶茶艺"面板中,依次选择"图 1.jpg"……"图 9.jpg",右键单击,在弹出的快捷菜单中选择"从剪辑新建序列"命令,即会自动生成"图 1"序列,并且"图 1.jpg"……"图 9.jpg"按顺序自动放置到视频轨道"V1"上。

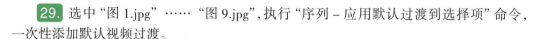

29. 选中"图 1.jpg"……"图 9.jpg",执行"序列 – 应用默认过渡到选择项"命令,一次性添加默认视频过渡。

30. 关闭"图 1"序列,返回"序列 01"序列。

31. 将"图 1"序列拖动到视频轨道"V1"的 00:00:15:00 位置,调整速度,持续时间为 00:00:20:00,适当调整缩放,使其占满整个屏幕。

32. 新建字幕,设置"名称"为"片尾",内容为"茶如人生",旧版标题样式为"Times New Roman Regular red grow","字体大小"为"50.0"。

33. 将"片尾"拖动到视频轨道"V2"的 00:00:15:00 位置,时长调整为 20 秒。

34. 删除所有的音频轨道内容,添加背景音乐,并截取适当的音频片段,音频与视频同时开始、同时结束。

35. 保存项目,导出视频。

10.3 实例"运动特辑"

综合运用所学知识制作"运动特辑",效果图如图 10-4 所示。

图 10-4 "运动特辑"效果图

1. 新建项目,设置"名称"为"运动特辑","位置"为"10.3 运动特辑"。

2. 新建序列,"序列预设"选择"DV-PAL"中的"宽屏 48 kHz"。

3. 将素材文件夹中的所有素材导入到"项目"面板中。

● 提示：

"序列"文件夹中的素材以"图像序列"的方式导入。

4. 新建字幕，设置"名称"为"片头"，内容为"运动特辑"，旧版标题样式为"Arial Black blue gradient"，"字体系列"为"汉仪霹雳体简"，"字体大小"为"150.0"。

5. 将"1.jpg"拖动到视频轨道"V1"的00：00：00：00位置，时长调整为5秒，适当调整位置。

6. 将"片头"拖动到视频轨道"V3"的00：00：00：00位置，为其应用"渐变擦除"视频效果，设置"过渡柔和度"为"100.0%"。使用关键帧为其添加过渡完成动画，设置00：00：00：00时刻"过渡完成"为"100%"，00：00：03：00时刻"过渡完成"为"0%"。

7. 新建序列，设置"名称"为"条纹"，"序列预设"选择"DV-PAL"中的"宽屏48 kHz"。

8. 新建颜色遮罩，设置"颜色"为黄色（R：255，G：255，B：0），"名称"为"黄色遮罩"。

9. 将"黄色遮罩"拖动到视频轨道"V1"的00：00：00：00位置，为其应用"裁剪"视频效果，设置"左侧"为"93.0%"。使用关键帧为其添加位置动画，设置00：00：00：00时刻"位置"为"360.0，288.0"，00：00：02：00时刻"位置"为"-468.0，288.0"，00：00：04：00时刻"位置"为"441.0，288.0"。

10. 将"黄色遮罩"复制到视频轨道"V2"的00：00：00：00位置，调整其"裁剪"视频效果的参数（参考参数："左侧"为"56.0%"，"右侧"为"36.0%"），调整关键帧位置及参数。

11. 将视频轨道"V1"中的"黄色遮罩"复制到视频轨道"V3"的00：00：00：00位置，调整其"裁剪"视频效果的参数（参考参数："左侧"为"29.0%"，"右侧"为"66.0%"），调整关键帧位置及参数。

● 提示：

也可根据需要多复制几次，制作多条条纹。

12. 关闭"条纹"序列，返回"序列01"序列。

13. 将"条纹"序列拖动到视频轨道"V2"的00：00：00：00位置，设置"缩放"为"200.0"，"旋转"为"30.0°"，"不透明度"为"30.0%"。

14. 新建序列，设置"名称"为"篮球01"，"序列预设"选择"DV-PAL"中的"宽屏48 kHz"。

15. 新建"黑场视频"，将其拖动到视频轨道"V1"的00：00：00：00位置，为其应用"渐变"视频效果制作蓝天，设置"起始颜色"为浅蓝色（R：6，G：202，B：251），"结束颜色"为蓝色（R：76，G：105，B：249）。

16. 将"篮板.jpg"拖动到视频轨道"V2"的00：00：00：00位置，应用"非红色键"视频效果去除"篮板.jpg"的背景，适当调整其位置。

17. 将视频轨道"V2"上的"篮板 .jpg"复制到视频轨道"V4"的 00：00：00：00 位置。

18. 将"篮球 .jpg"拖动到视频轨道"V3"的 00：00：00：00 位置，应用"颜色键"视频效果去除"篮球 .jpg"的背景。

19. 设置"篮球 .jpg"的"缩放"为"32.0"。使用关键帧为其添加位置动画，设置 00：00：00：00 时刻"位置"为"853.7，445.2"，00：00：01：10 时刻"位置"为"541.2，136.5"，00：00：02：23 时刻"位置"为"325.7，105.1"，00：00：04：03 时刻"位置"为"235.2，289.5"，00：00：04：23 时刻"位置"为"247.3，683.9"。

20. 使用关键帧为"篮球 .jpg"添加旋转动画，设置 00：00：00：00 时刻"旋转"为"0.0°"，00：00：04：03 时刻"旋转"为"50.0°"。

21. 为"篮球 .jpg"应用"亮度与对比度"视频效果，使用关键帧为其添加亮度动画，设置 00：00：02：05 时刻"亮度"为"0.0"，00：00：03：17 时刻"亮度"为"−72.0"。

22. 为视频轨道"V4"中的"篮板 .jpg"绘制不透明度的"自由绘制贝塞尔曲线"蒙版，参数设置如图 10-5 所示，蒙版效果如图 10-6 所示。

图 10-5　蒙版参数设置

图 10-6　蒙版效果

23. 关闭"篮球 01"序列,返回"序列 01"序列。

24. 将"篮球 01"序列拖动到视频轨道"V1"的 00：00：05：00 位置,调整速度,"持续时间"为"00：00：03：00"。

25. 新建序列,设置"名称"为"足球 01","序列预设"选择"DV-PAL"中的"宽屏 48 kHz"。

26. 将"足球场 .jpg"拖动到视频轨道"V1"的 00：00：00：00 位置,适当调整缩放,时长调整为 3 秒。

27. 将"足球 .jpg"拖动到视频轨道"V2"的 00：00：00：00 位置,时长调整为 3 秒,为其添加椭圆形蒙版,设置"缩放"为"39.0"。

28. 使用关键帧为"足球 .jpg"添加位置和旋转动画,设置 00：00：00：00 时刻"位置"为"-113.8, 310.0","旋转"为"0.0°"；00：00：01：15 时刻"位置"为"483.1, 310.0","旋转"为"180.0°"。

29. 关闭"足球 01"序列,返回"序列 01"序列。

30. 将"足球 01"序列拖动到视频轨道"V1"的 00：00：08：00 位置。

31. 为"足球 01"序列应用"残影"视频效果,参数设置如图 10-7 所示。

图 10-7　"残影"参数设置

32. 将"场地 .jpg"拖动到视频轨道"V1"的 00：00：11：00 位置,时长调整为 3 秒,适当调整缩放。

33. 将"滑板 .jpg"拖动到视频轨道"V2"的 00：00：11：00 位置,时长调整为 3 秒,应用"颜色键"视频效果去除背景,适当调整缩放。

34. 为"场地 .jpg"应用"颜色平衡（HLS）"视频效果,使用关键帧为其添加适当的色相动画。

35. 使用关键帧为"滑板 .jpg"添加适当的位置动画。

36. 将"攀岩 1.jpg"拖动到视频轨道"V1"的 00：00：14：00 位置,时长调整为 2 秒,适当调整缩放。将"攀岩 2.jpg"拖动到视频轨道"V2"的 00：00：14：00 位置,时长调整为 2 秒,适当调整缩放。

37. 为"攀岩 2.jpg"应用"线性擦除"视频效果,设置"过渡完成"为"62%","擦除角度"为"65.0°","羽化"为"28.0"。

38. 将"滑翔 1.jpg"拖动到视频轨道"V1"的 00：00：16：00 位置,时长调整为 2 秒,适当调整缩放。将"滑翔 2.jpg"拖动到视频轨道"V2"的 00：00：16：00 位置,时长调整为 2 秒,适当调整缩放。

39. 为"滑翔 2.jpg"应用"线性擦除"视频效果,设置"过渡完成"为"50%","擦除角度"为"0.0°","羽化"为"150.0"。

40. 适当调整"滑翔 1.jpg"的位置,使其与"滑翔 2.jpg"中的人物同时显示在画面中。

41. 将"滑雪.jpg"拖动到视频轨道"V1"的 00:00:18:00 位置,时长调整为 3 秒,适当调整缩放。

42. 新建字幕,设置"名称"为"片尾",内容为"探索运动乐趣",旧版标题样式为"Arial Black blue gradient","字体系列"为"黑体","字体大小"为"100.0","行距"为"30.0",向左滚动,勾选"开始于屏幕外"复选框。

43. 将"片尾"字幕拖动到视频轨道"V2"的 00:00:18:00 位置,时长调整为 3 秒。

44. 删除所有的音频轨道内容,添加背景音乐,并截取适当的音频片段,音频与视频同时开始、同时结束。

45. 保存项目,导出视频。

主要参考文献

［1］文杰书院 . Premiere CC 视频编辑基础教程：微课版［M］. 北京：清华大学出版社，2020.

［2］姜自立，季秀环 . Premiere Pro CC 数字影视剪辑：全彩慕课版［M］. 北京：人民邮电出版社，2020.

［3］唯美世界，曹茂鹏 . 中文版 Premiere Pro 2020 完全案例教程：微课视频版［M］. 北京：中国水利水电出版社，2020.

［4］李延周，王小飞 . 新印象：Premiere Pro CC 短视频剪辑 / 拍摄 / 特效制作实战教程［M］. 北京：人民邮电出版社，2020.

［5］许洁 . Premiere Pro CC 2018 从新手到高手［M］. 北京：清华大学出版社，2018.

［6］黄伟波，刘江辉，李晓丹，等 . Premiere Pro CC 视频编辑基础与案例教程［M］. 北京：机械工业出版社，2019.

［7］赵建，路倩，王志新 . Premiere Pro CC 影视编辑剪辑制作实战从入门到精通［M］. 北京：人民邮电出版社，2018.

［8］温培利 . Premiere Pro CC 视频编辑案例课堂［M］. 2 版 . 北京：清华大学出版社，2017.